核电与水资源安全

徐志侠　陈涛　丁晓雯　褚敏　编著

中国水利水电出版社
www.waterpub.com.cn
·北京·

内 容 提 要

随着我国核电建设的快速发展及内陆核电的规划，亟须研究核电与水资源安全的关系。本书收集了我国核电机组建设情况，研究了核电站取、用、排水特性，梳理和评价了与水资源安全有关的核电技术标准，指出了存在的问题，并提出了核电选址阶段和运行阶段水资源安全影响评估方法。

本书主要供核电及水资源相关的管理、设计、科研工作人员及高等院校相关专业师生阅读参考。

图书在版编目（CIP）数据

核电与水资源安全 / 徐志侠等编著. -- 北京 : 中国水利水电出版社, 2022.3
ISBN 978-7-5226-0564-7

Ⅰ. ①核… Ⅱ. ①徐… Ⅲ. ①核电站－水资源管理－安全管理－研究－中国 Ⅳ. ①TM623

中国版本图书馆CIP数据核字(2022)第046162号

书　名	**核电与水资源安全** HEDIAN YU SHUI ZIYUAN ANQUAN
作　者	徐志侠　陈涛　丁晓雯　褚敏　编著
出版发行	中国水利水电出版社 （北京市海淀区玉渊潭南路1号D座　100038） 网址：www. waterpub. com. cn E-mail：sales@mwr. gov. cn 电话：(010) 68545888（营销中心）
经　售	北京科水图书销售有限公司 电话：(010) 68545874、63202643 全国各地新华书店和相关出版物销售网点
排　版	中国水利水电出版社微机排版中心
印　刷	天津嘉恒印务有限公司
规　格	170mm×240mm　16开本　9印张　176千字
版　次	2022年3月第1版　2022年3月第1次印刷
印　数	0001—1000册
定　价	**48.00**元

前言

核电作为无碳能源，近20年来在我国得到较快了发展。为实现“碳达峰、碳中和”目标，核电将承担更为重要的减少碳排放的任务。核电与水资源安全关系密切，核电站建设和运行需要与水资源条件相适应，受到水资源条件的支撑和约束。核电站退水中含有低放射性废水，会对下游水质安全构成影响；一旦发生严重核电站事故，会对区域水资源安全构成很大威胁。因此，水资源安全是核电发展的重要前提，是核电站建设和运行必须面对的问题。目前，我国对核电与水资源安全关系的研究较少，如何处理好核电发展与水资源安全的关系，是亟须研究的现实问题。

截至2020年年末，我国运行核电机组共49台，二代及二代加核电堆型是目前我国核电的主力堆型。本书分析了核电站建设、运行与水资源安全的关系，系统分析了包括内陆核电站在内的取、用、排水特点。核电站用水分为循环冷却、安全厂用水系统、除盐水、生活用水和其他杂用水系统等；排水分为非放射性和放射性。核电站设计用水量与实际用水量的差距很大，反映出核电站设计取用水量过大。目前运行的滨海核电排水水质均符合标准。在筹建阶段的内陆核电放射性退水将采用槽式排放。本书研究的4座规划内陆核电项目对区域水资源影响不大，对其他用水户的影响较小，退水符合国家的相关要求，但其水资源论证报告还没有通过水利部门审查。本书还梳理了现行与水资源安全有关的核电站选址、建造、运行技术标准，提出我国现行与水资源相关的核电标准是比较严格与合理的，基本能够适应我国核电发展的需要，但选址过程中与水域环境功能区划相容性的认定、饮用水水源地的保护等内容，还需要完善管理细则。因此，建议水利部门尽早介入核电站的厂址选择、核电站运行的监督及严重事故应急处理，保障水资源的安全。本书研究提出了适合我国国情的核电站选址、运行对水资源安全的评估方法，构建相应的评估指标体系，为我国核电水资源管理提供技术支持。

本书编写得到了水利部水资源司的大力支持和帮助，多位专家提出了宝贵意见，在此深表感谢！由于核电与水资源安全关系的复杂性，其理论和实践均需要更深入和广泛的研究。限于时间和作者的认识水平，本书难免存在一些疏漏和不足之处，敬请读者批评指正。

作　者

2021 年 10 月

目 录

前言

1 概述 ………………………………………… 1

2 我国核电站取排水基本情况 ………………………………………… 3

2.1 我国核电发展现状 ………………………………………… 3

2.2 我国核电站取、用、退水基本情况 ………………………………………… 4

2.3 正常工况下的 AP1000 堆型取排水设计 ………………………………………… 18

2.4 非正常工况下的 AP1000 堆型取排水设计 ………………………………………… 32

3 与水资源安全有关的核电技术标准及合理性评价 ………………………………………… 37

3.1 我国核安全的法律、标准体系 ………………………………………… 37

3.2 核电选址阶段相关的技术标准 ………………………………………… 38

3.3 核电站建造阶段相关技术标准 ………………………………………… 49

3.4 核电站运行阶段相关技术标准 ………………………………………… 51

3.5 现行标准的合理性评价 ………………………………………… 57

3.6 本章小结 ………………………………………… 70

4 核电站选址阶段对水资源安全影响的评估分析 ………………………………………… 72

4.1 对水资源安全影响的分析 ………………………………………… 72

4.2 水资源安全的评估方法 ………………………………………… 81

4.3 水资源安全影响评估体系 ………………………………………… 87

4.4 核电站取水对水资源安全影响的预测 ………………………………………… 92

5 核电站运行阶段对水资源安全影响评估体系 ………………………………………… 115

5.1 核电站退水对水资源安全影响的分析 ………………………………………… 115

5.2 核电站运行阶段对水资源安全影响评估体系 ………………………………………… 130

6 结论与建议 ………………………………………… 132

参考文献 ………………………………………… 134

1 概述

为保障能源安全、实施节能减排及应对气候变化，“十一五”期间，国家作出了“积极发展核电”的决策。除了沿海厂址外，核电选址已由滨海向内陆延伸；江西彭泽、湖北咸宁和湖南桃花江三个内陆核电站已率先开展前期工作。2011年，在日本福岛核电站事故发生后，我国暂停审批核电项目，包括开展前期工作的项目，核电建设步伐由此变缓。2012年2月8日和5月31日，国务院常务会议听取了民用核设施综合安全情况汇报、讨论并原则通过《核安全与放射性污染防治“十二五”规划及2020年远景目标》。2012年10月24日，国务院常务会议讨论并通过了《核电安全规划（2011－2020年）》和《核电中长期发展规划（2011－2020年）》，我国的核电建设将逐步恢复正常。

安全是我国核电发展的首要因素。“十二五”规划中，我国核电发展的方针明确为：“在确保安全的基础上高效发展核电”。福岛核电站事故发生后，国务院强调“核电发展要把安全放在第一位”。2012年的政府工作报告也提及“要安全高效发展核电”。国家“十三五”规划纲要在“建设现代能源体系”章节提及，以沿海核电带为重点，安全建设自主核电示范工程和项目。2017年，环境保护部（国家核安全局）等五部门发布的《核安全与放射性污染防治“十三五”规划及2025年远景目标》要求提高运行电厂的安全业绩，确保在建核电厂质量和安全。同年9月，全国人民代表大会常务委员会通过《中华人民共和国核安全法》，该法律规定核安全管理基本制度的顶层法律。最新的“十四五”规划中也明确提出要安全稳妥推动沿海核电建设。

核电与水资源安全关系密切。核电站取水可能对区域水资源造成影响，退水中含有低放射性废水，会对下游水质安全构成影响；一旦发生严重核电站事故，会对国家水资源安全构成很大威胁。因此水资源安全是核电发展的重要前提，是核电安全体系的重要组成部分，是核电建设和运行必须面对、执行的原则。

严重核事故对区域水资源安全影响巨大。核电项目选址往往临近水源，一旦发生异常浓度放射性物质的场外释放，就极有可能通过地表径流、下渗、大气沉降等途径进入水体，导致水体（尤其是下游水体）放射性物质浓度超标、水资源安全受到威胁、居民饮水无法保障、水体原有功能丧失等。历史上两次最严重的核电站事故——切尔诺贝利事故和福岛事故均表明：核电站事故发生后，附近的自来水、地表水和地下水等均可能受到影响。2012年，国务院印发《关于实行最严格水资源管理制度的意见》，保障水资源安全是水资源管理的关键目标，也是水行政主管部门的职责。该意见中也明确指出重大建设项目的布局，因此，应当与当地水资源条件和防洪要求相适应。因此，应当充分考虑核电发展和水资源保护的协调关系，在保障合理核电发展用水的同时，对核电建设提出限制性条件和有关要求，严格核电项目的水资源管理。

我国在核电与水资源安全方面的研究较少。鉴于此，水利部在中央分成水资源费项目中设置了“基于水资源安全的核电评估方法和指标体系建设”项目，对核电与水资源安全进行了研究，以提高核电对水资源安全影响评估的科学性。

2 我国核电站取排水基本情况

2.1 我国核电发展现状

2.1.1 我国核电基本情况

我国的核电起步于20世纪80年代，是继美、英、法、苏联、加拿大和瑞典之后，世界第七个能自主设计和建造核电站的国家。秦山核电站是我国自行设计、建造和运行管理的第一台30万kW压水堆核电站，1985年开工，1991年并网发电。

截至2020年年末，我国运行核电机组共49台，装机容量为5102.716万kW。目前在运核电装机规模仅次于美国、法国，位列全球第三。我国商运核电机组分布在浙江省、广东省、江苏省、福建省、辽宁省、海南省、广西壮族自治区和山东省等。

2011年3月，日本福岛核电事故发生后，“十二五”规划中关于核电发展的表述就由“积极发展”改成了“安全高效”。2012年10月24日，国务院常务会议再次讨论并通过了《核电安全规划（2011—2020年）》与《核电中长期发展规划（2011—2020年）》，会议对当时和以后一个时期的核电建设作出部署：①稳妥恢复正常建设，合理把握建设节奏，稳步有序推进；②科学布局项目，“十二五”时期只在沿海安排少数经过充分论证的核电项目厂址，不安排内陆核电项目；③提高准入门槛，按照全球最高安全要求新建核电项目，新建核电机组必须符合三代安全标准。根据《“十四五”规划和2035年远景目标纲要》，至2025年，我国核电运行装机容量达到7000万kW。

2.1.2 我国核电技术特点

目前核电堆型主要分为四代。第一代核电站属于原型堆核电站，主要目的是通过试验示范形式来验证核电在工程实施上的可行性，秦山一期就属于原型堆。第二代核电站主要是实现核电的商业化、标准化、系列化、批量化，以提高经济性。传统认为第二代核电站发生堆芯熔化和放射性物质大量往环境释放这类严重事故的可能性很小，不必把预防和缓解严重事故的设施作为设计上必须的要求，因此二代堆应对严重事故的措施比较薄弱。美国核电用户要求文件（URD）和欧洲核电用户要求文件（EUR）提出了第三代核电站的安全和设计技术要求，它包括了改革型的能动（安全系统）核电站和先进型的非能动（安全系统）核电站，预防和缓解堆芯熔化是三代堆设计上的必须要求。世界上技术比较成熟可行的第三代核电机组的设计，主要有美国的AP1000（压水堆）和ABWR（沸水堆），欧洲的EPR（压水堆），以及我国的华龙一号（压水堆）等型号，它们发生严重事故的概率不足第二代核电机组的1%。第四代核能系统概念（有别于核电技术或先进反应堆），最先由美国能源部的核能、科学与技术办公室提出，其将满足安全、经济、可持续发展、极少的废物生成、燃料增殖的风险低、防止核扩散等基本要求。世界各国都在不同程度上开展第四代核能系统的基础技术和科学的研发工作。我国目前在建的高温气冷堆和钠冷快堆均属于四代堆。此外，依托CAP系列化型号研发平台，小型反应堆在不同应用领域的技术研发实现了实质性进展。

2.2 我国核电站取、用、退水基本情况

2.2.1 取水情况

目前我国的核电站都是滨海核电，但是内陆核电的选址工作已经开展。滨海核电与内陆核电在取水方面有所差异，因此分开说明。

2.2.1.1 滨海核电

滨海核电冷却水一般取自海水，采用直流方式供水，其他取用淡水，以电站附近河流、水库或以海水淡化水作为水源；而内陆核电则一般取自江河湖泊水，因水量限制，往往采用二次循环供水，工艺流程中布设有冷却塔。

目前由于采取节水措施及循环用水，新设计建设的核电站施工用水较早前核电站用水量大大减少。据调查统计，国内2×1000MW级核电机组设计年取水量为158.2万～378万m^3，平均258.3万m^3。表2.1列出了我国部分核电站取水情况。

表2.1　　　　我国部分核电站取水情况

名　称	装机容量/MW	堆型	年取水量/万m^3	2×1000MW级年取水量/万m^3
广东大亚湾	2×984	M310	260	260
广东岭澳一期	2×984	M310	246	246

续表

名　称	装机容量/MW	堆型	年取水量/万 m^3	2×1000MW 级年取水量/万 m^3
广东岭澳三期	2×1080	CPR1000	158.2	158.2
秦山一期扩建（方家山）	2×1080	—	375	375
浙江三门	2×1250	AP1000	330	330
山东海阳	2×1250	AP1000	210	210
山东红石顶（一期）	2×1000	CPR1000	230	230
广东阳江一期	4×1000	CPR1000	508	254
广东台山一期	2×1750	EPR	328.8	328.8
广西红沙河	2×1080	CPR1000	205	205
福清核电一期	2×1000	CPR1000	378	378
福清核电 3～6 号机组	4×1000	CPR1000	503.4	251.7
田湾核电站 3 号、4 号机组	2×1060	WWER－1000/428	195	195
田湾核电站 5 号、6 号机组	2×1089	ACPR1000	188	188
辽宁徐大堡	2×1250	AP1000	264.5	264.5
平均值				258.3
最大值				378
最小值				158.2

以田湾核电站 1 号、2 号机组为例，其型号为俄罗斯 AES－91 型压水堆机组，装机容量 2×1060MW，位于江苏省连云港市连云区高公岛乡柳河村管辖的田湾。

田湾核电站一期工程冷却水（包括循环水系统和重要厂用水系统）水源采用海水直流循环供水系统。

田湾核电站淡水水源为蔷薇河，用途主要为施工用水、生产用水、生活用水、绿化和消防用水。淡水取水工程包括取水口、取水泵站、输水管线、中间加压泵站，取水工程将蔷薇河水送至核电站淡水厂。

田湾核电站 1 号、2 号机组工程淡水的设计取水量为 1.8 万 m^3/d 。项目设计人员在分析了施工期与运行期的用水工况（表 2.2）后，认为一堆运行、一堆施工是日用水量最大的工况，此时，生产用水 4200m^3/d，生活用水 2951m^3/d，施工用水 7608m^3/d，消防用水 549m^3/d，合计 15308m^3/d。考虑管网渗漏、不可预见水量、水处理损失等，确定设计取水量为 1.8 万 m^3/d，年取水量 657 万 m^3。

1 号、2 号机组工程于 1999 年 10 月浇筑第一罐混凝土，2005 年 12 月第一台机首次临界，2006 年 5 月第一台机首次并网，2007 年 8 月，核电 1 号、2 号机组工程投入商业运行。田湾核电站2003—2013年实际取水量见表2.3。

表2.2 田湾核电站1号、2号机组设计取水量

工况	生产用水/(m^3/d)	生活用水/(m^3/d)	施工用水/(m^3/d)	消防用水/(m^3/d)	渗漏和未预见水量/(m^3/d)	总取水量	
						日值/(m^3/d)	年值/(万 m^3/a)
一堆施工	6258	1350	7608	—	1575	10533	384.5
一堆运行、一堆施工	4200	2951	7608	549	2692	18000	657.0
两堆运行	6600	1601	—	549	1539	10289	375.5
一堆运行、一堆火灾	7000	1601	—	549	1609	10759	392.7

表2.3 田湾核电站2003—2013年实际取水量

年份	取水量/万 m^3	备注
2003	346.7	1号、2号机组施工期
2004	348.9	1号、2号机组施工期
2005	330.9	1号、2号机组调试、施工期
2006	411.1	1号、2号机组调试、施工期
2007	406.7	1号、2号机组调试、施工期
2008	386.6	1号、2号机组运行
2009	405.9	1号、2号机组运行
2010	325.1	1号、2号机组运行
2011	229.8	1号、2号机组运行
2012	168.1	1号、2号机组运行；3号、4号机组施工期
2013	205.5	1号、2号机组运行；3号、4号机组施工期

结合2003年以来用水量变化情况，可见从2009年开始年用水量开始下降，其原因为田湾核电站自2009年开始实施了如下节水措施。

（1）管线查漏、修理。核电公司对生产用水管线、生活消防用水管线及淡水厂至厂区、淡水厂至苹果园两条输水管线开展管线查漏工作，处理后生活供水量将得到有效控制。

（2）为达到节约用水目的，核电公司对淡水系统已经完成了改进，（表2.4）。通过实施节水措施，2009年以来田湾核电站1号、2号机组的取水量已经大幅减小，2011年取水量为229.8万 m^3，较运行期取水高峰值405.9万 m^3/a，减少取水176.1万 m^3，减少43.4%。

表 2.4 田湾核电站 1 号、2 号机组已采用的节水措施

序号	项目名称	项目说明	实施情况	实施效果
1	生活水向高位水池供水管线的改造	管线所处位置地基沉降造成管道部分损坏，造成漏水	已实施完工	高位水池与生活水管线（J2）连接管道的泄漏问题已解决
2	生活水向双围墙内供水管线上增加用水计量设备	为加强用水管理，做好节能减排工作，对淡水用户增加计量设备	已实施完工	可以对双围墙内生活用水进行计量
3	高位水池向苹果园供水管线改造及加装水表	为加强用水管理，做好节能减排工作，对淡水用户增加计量设备	已实施完工	可以对向苹果园的生活用水进行计量
4	厂区生活用水加装水表	为加强用水管理，做好节能减排工作，对淡水用户增加计量设备	已实施完工	可以对厂区各子项生活用水进行计量
5	施工单位办公区加装水表	为加强用水管理，做好节能减排工作，对淡水用户增加计量设备	已实施完工	可以对施工区域生活用水进行计量
6	水厂滤池反冲洗水回收利用	回收利用，节约用水	已实施完工	节约用水约 9 万 m^3/a
7	厂区绿化管网改造	将南区污水站产生的回用水接入厂区绿化管网，原生活水与绿化管网的接口断开，以节约生活用水	已实施完工	节约用水约 8 万 m^3/a
8	淡水管线与金港湾一期交叉管线改造	金港湾物流园建设的堆场、办公楼及道路覆盖淡水取水管线；为保证淡水管线的安全和检修的可达性，需要将 K63 到 G4 点共 734m 管线重新铺设到经二十四路的绿化带下面	已实施完工	保证淡水管线运行安全
9	辅助锅炉增加冷却水循环系统	辅助锅炉房取样冷却器、电动给水泵及风机冷却水均采用生活用水，使用后直接排放；改造增加闭式冷却水系统，使冷却水循环使用	已实施完工	可节水约 5 万～6 万 m^3/a
10	2 号机组汽轮机厂房疏水系统节能减排改造	增加就地压力表，监视水封压力（液位）；增加管线的补水管道和阀门，用于水封补水；1LCM 系统水箱密封性改造，防止水污染；1LCM 系统再循环管线节能减排改造；高加联程阀动力水排水管线节能减排改造等	已实施完工	可节约除盐水量约 14 万 m^3/a

续表

序号	项目名称	项目说明	实施情况	实施效果
11	1号机组汽轮机厂房疏水系统节能减排改造	增加就地压力表，监视水封压力（液位）；增加管线的补水管道和阀门，用于水封补水；1LCM系统水箱密封性改造，防止水污染；1LCM系统再循环管线节能减排改造；高加联程阀动力水排水管线节能减排改造等	已实施完工	可节约除盐水量约14.5万m^3/a

2.2.1.2 内陆核电

我国内陆核电已经完成了规划布局工作，内陆河道很多都已实施了梯级开发，内陆核电候选厂址一些是位于库区内的，而水库往往又是重要的供水水源。水库库区的流态与天然河道有很大的差别，水库的调度运用等对低放射性废液在水库水体中的输运、扩散衰减过程及其累积效应有很大的影响。低放射性废液对水库水质的影响比较复杂。因此必须慎重分析核电站水资源量的保障和对水资源安全的潜在影响，分析核电站厂址的用水是否能够得到足够的保障，是否会对区域内水资源的配置带来较大的改变，是否满足水功能区划的要求；分析核电站排水受纳水体的水域稀释扩散能力是否足够。

在中国内陆核电站的规划布设过程中，高度重视饮用水安全，慎重考虑核电站与饮用水源地的安全距离，以保障居民饮用水安全。

此外，内陆核电站厂址所在流域的水资源综合规划并未考虑核电大规模发展的问题，所以核电站取水及退水应综合考虑所在水功能区的其他功能。如湖南桃花江核电站所在的资水益阳开发利用区下的2个二级功能区（资水益阳西流湾饮用水源区及资水益阳赫山工业、农业用水区）就有自来水厂及工业、农业的取水需求等。

内陆核电站2×1000MW核电机组的设计取水量为5460万～8460万m^3（表2.5）。

表2.5 内陆核电站设计取水量

项目名称	装机规模/MW	设计取水量/(万m^3/a)
桃花江核电站	2×1000	8064
彭泽核电站	2×1000	6279
咸宁核电站	2×1000	8460
小墨山核电站	2×1000	5460
平 均 值		7066

2.2.2　用水情况

核电站用水对象如图2.1所示，分为冷却水、工业用水、除盐水系统用水、生活用水、消防用水等。滨海核电站和内陆核电站，在用水需求方面基本相同。因内陆核电为二次循环方式，因此，其淡水的消耗量会大很多。此外，不同机型（AP1000机组或CPR1000机组等），不同运行阶段（施工期、调试期、运行期和大修期），核电站的用水工艺及用水量等均有所差别。一般来说，除盐水系统用水量最大，其次是生活用水、工业用水，冷却水的用量最小。核电站用水水质则根据生产工艺和生活、消防用水的要求确定，并应符合以下要求：①用于冷凝器等表面管式热交换设备的冷却水应采取去除水中杂物及水草的措施，当水中含沙量较大，且沙粒较粗、较硬时，应对冷却用水进行沉沙处理；②冷却塔循环供水系统的补充水中悬浮物含量超过50mg/L时，宜进行补给水处理，经处理后的悬浮物含量不宜超过20mg/L，pH值不应小于6.5且不宜大于9.5，对于有特殊要求的用水需进一步处理；③工业用水中转动机械轴承冷却水的碳酸盐硬度宜小于250mg/L（以$CaCO_3$计），pH值不应小于6.5且不宜大于9.5，悬浮物含量宜小于50mg/L；④生活饮用水的水质应符合现行国家标准《生活饮用水卫生标准》（GB 5749）的要求；⑤生活杂用水水质和卫生防护应符合现行国家标准《城市污水再生利用　城市杂用水水质》（GB/T 18920）的要求。

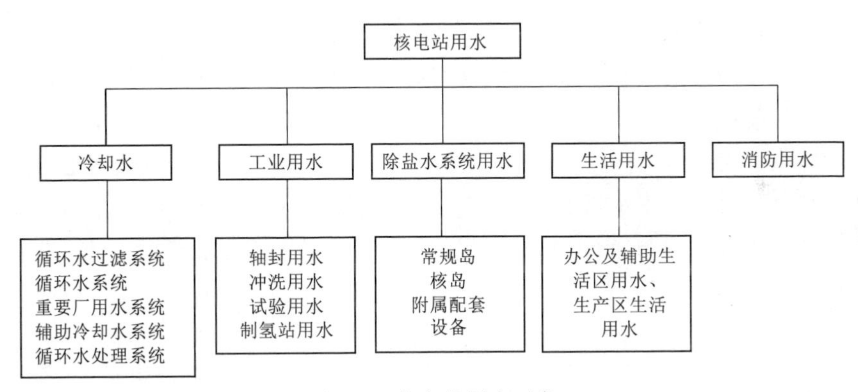

图2.1　核电站用水对象

2.2.2.1　大亚湾核电站

大亚湾核电站的厂区用水量按SED（核岛除盐水分配系统）、SER（常规岛除盐水分配系统）、SEP（厂内饮用水系统）、循环水泵轴封用水及自用水给出，可剔除大亚湾基地已成一定规模的住宿接待区生活和第三产业用水的影响，切实反映核电站厂区内的用水情况。

除SEP（厂内饮用水系统）外的其他用水系统中，2000年以来大亚湾核电站的

SED（核岛除盐水分配系统）、SER（常规岛除盐水分配系统）用水量趋于稳定且小于2000年以前；循环水泵轴封及自用水量的年际变化相对较大。2000—2010年大亚湾核电站厂区用水分析显示：SEP（厂内饮用水系统）年均用水量最大，约占47.69%；循环水泵轴封及自用水量次之，约占29.00%；其后为SER（常规岛除盐水分配系统）用水量，约占19.02%，SED（核岛除盐水分配系统）用水量最小，占4.29%。

大亚湾核电站1994年淡水总用量近85万m^3，而随着机组的运行稳定，用水总量也呈逐年下降趋势，2010年，大亚湾核电站用水总量为40.4万m^3，较运行初期下降了52%。

2001—2010年大亚湾核电站的单位装机取水量为0.0063～0.0112m^3/(s·GW)，设计单位装机取水量指标为0.034～0.044m^3/(s·GW)，设计单位发电取水指标为0.128～0.167m^3/(MW·h)。

大亚湾核电站的施工期最大年总用水量222万m^3/a（其中含施工生产用水量100万m^3/a，生活用水量122万m^3/a）。

2.2.2.2 岭澳核电站

岭澳核电站为滨海核电工程，其循环冷却水为大亚湾海水，一回路和二回路用水及厂区生活用水均为大坑水库和岭澳水库淡水。

1998年岭澳核电一期施工期用水处于高峰年，施工用水量年最大为66.71万m^3，生活用水量年最大为47.19万m^3，施工期年最大用水量为113.90万m^3。

岭澳核电站一期工程1号机组于2001年初进入冷试阶段，标志着调试用水高峰期的来临，该年岭澳一期调试用水量为105万m^3。

2005年以来岭澳核电站一期的SED、SER、SEP系统用水量均趋于稳定，而循环水泵轴封及自用水量至2006—2010年方趋于稳定。2005—2010年岭澳核电站一期工程厂区用水分析显示：SEP系统年均用水量最大，约占54.18%；SER系统用水量次之，约占22.60%；其后为循环水泵轴封及自用水量，占18.86%；SED系统用水量最小，约占4.36%。

岭澳一期初期用水达105万m^3。而随着机组的运行稳定，用水总量也呈逐年下降趋势，2010年，岭澳一期核电站用水量为53.2万m^3，较运行初期下降了50%。表2.6列出了岭澳一期各取用水单元用水量统计。

表2.6　岭澳一期各取用水单元用水量统计

项　目	逐日/(m^3/d)	运行期/m^3	大修期/m^3	年用水总量/m^3
生水过滤站自用	4	1340	132	1472
消防用水	0	0	0	0

续表

项　目	逐日 /(m^3/d)	运行期 /m^3	大修期 /m^3	年用水总量 /m^3
生活用水	520	174153	17155	191308
循泵轴封用水	270	90508	8916	99424
沙滤池冲洗用水	57	19211	1892	21103
澄清池冲洗水	184	61795	6087	67882
除盐水制水量	254	85012	8374	93386
总用水量	1401	469335	46233	515568
不平衡量	112	37457	3690	41147

2011 年岭澳一期核电站年取水总量为 50.67 万 m^3，常规岛用水量所占比例最大，占总用水量 28.6%；其次分别是生活用水占 24.3%、循泵轴封用水占 18.5%、核岛用水占 6.1%、沙滤池冲洗用水占 5.6%、澄清池轴封用水占 4.3%、离子交换器冲洗用水占 0.6%，其他水量占 12.0%。其他水量是指生水过滤站自用、漏失水量、澄清池轴封排水量估算误差、仪器计量误差、储水罐调节作用的综合反映。

（1）总取水量。受工况及调节水箱影响，电站总取水过程不平稳；大修期间总取水量的日间变幅比正常运行发电期大。

（2）生活取水。生活取水过程与工厂作息时间相适应，工作期间取水量大，工休期间取水量小；受 OP 水箱的调节作用，生活供水量变化幅度较大；大修期间生活用水略有增加。

（3）澄清池轴封用水。澄清池轴封用水为一个平稳持续的用水过程，工艺改进后，基本上维持在 50m^3/d 左右。

（4）核岛及常规岛用水。正常运行期核岛及常规岛用水为平稳持续用水过程，用量分别为 70～100m^3/d 及 300～500m^3/d。

（5）沙滤池冲洗及离子交换器冲洗用水。沙滤池冲洗及阴阳离子交换器冲洗用水均为间断用水过程，用水时，其水量分别在 200m^3/d 及 100m^3/d 以内；大修期间变化不大。

（6）循泵轴封用水。循泵轴封用水为平顺连续过程，正常运行期及大修期基本无变化，用量在 250m^3/d 左右。

根据《大亚湾核电运营管理有限公司年鉴》中岭澳一期正常运行期 2004—2010 年淡水资源统计，岭澳一期平均年生水总量为 52.02 万 m^3。

2005—2010 年岭澳核电一期的单位装机取水量为 0.0077～0.0093m^3/(s·GW)，设计单位装机取水量指标 0.042m^3/(s·GW)，设计单位发电取水指标

$0.158m^3/(MW·h)$。表 2.7 列出了岭澳核电三期 2×1000MW 机组设计年用水量。

2.2.2.3 田湾核电站一期

田湾核电站一期工程设计取水量为 657.0 万 m^3，日取水量 18000m^3。项目设计人员在分析了施工和运行期的用水工况后，认为一堆运行、一堆施工是用水量最大的工况，此时生产用水 4200m^3/d，生活用水 2951m^3/d，施工用水 7608m^3/d，消防用水 549m^3/d，合计 15308m^3/d，考虑管网渗漏、不可预见水量、水处理损失等，确定设计取水量为 18000m^3/d。

表 2.7　岭澳核电三期 2×1000MW 机组设计年用水量

设计年用水量/(万 m^3/a)	说　明
141.57	2 台机组施工
243.26	1 台机组施工、1 台机组调试

田湾核电站年单位发电用水量随运行稳定后大致呈下降趋势，2010—2013 年田湾核电站单位装机取水量为 $0.0318m^3/(s·GW)$，单位发电取水量为 $0.0907～0.1953m^3/(MW·h)$。

2.2.2.4 秦山三期核电站

2004 年之后秦山三期单位发电取用水量在 $0.125m^3/(MW·h)$ 附近变动。2004—2009 年秦山三期单位装机用水量为 $0.0252～0.0405m^3/(s·GW)$，单位发电取用水量为 $0.1086～0.1534m^3/(MW·h)$。

2.2.2.5 红沿河核电站

2009 年 9 月是 4 号机组浇筑第一罐混凝土的时间，厂区 4 台机组在进行施工，现场人数达到约 1.3 万人，高峰期 8 月取水量为 6.5 万 m^3，2009 年全年约为 44 万 m^3，2009 年是用水高峰年。红沿河施工期设计生产用水量为 111.9 万 m^3/a，生活饮用水量 11.9 万 m^3/a，供水保证率为 95%。红沿河一期设计的施工总用水量为 123.8 万 m^3/a，而实际用水量年最大值只有 44 万 m^3。可见，实际施工用水与设计值相差较大。

2.2.2.6 阳江核电站

阳江核电站施工期最大年用水量 95.6 万 m^3。

2.2.2.7 台山核电站

2009 年 12 月—2010 年 3 月，1 号机组施工，其月均施工用水量为 3.87 万 m^3；2010 年 4 月—2011 年 10 月，1 号、2 号机组同时施工，其月均施工用水量为 7.47 万 m^3，其用水量接近 1 号机组施工用水量的 2 倍。

2.2.2.8 防城港核电站

根据典型核电站用水量分析，2 台百万千瓦级机组施工年总用水量为 95 万～411 万 m^3，运行期稳定后用水量为 40 万～225 万 m^3。

表 2.8 对上述内容进行了总结，不难看出目前我国核电用水量均满足设计要求，且随着机组的稳定运行，年用水量逐渐减少。内陆核电站调试阶段最大日用水量应会小于正常运行期（单台机组的设计用水量约为 12 万 m^3/d）。另外，核电站设计用水量与实际用水量的差距很大，反映出核电站取用水量设计论证时存在不足，设计取用水量过大。因此，水行政主管部门需要制定更严格的设计论证标准，保证水资源的合理利用。

表 2.8　我国主要核电站用水情况

核电站	施工最大用水量 /(万 m^3/a)	稳定运行用水量 /(万 m^3/a)	单机取水量 /[m^3/(s·GW)]
大亚湾	222	40.4	0.0063～0.0112
岭澳	113.9	53.2	0.0077～0.0093
田湾	—	—	0.0318
秦山三期	—	—	0.0252～0.0405
红沿河	44	—	—
阳江	95.6	—	—
台山	89.64	—	—
防城港	95～411	40～225	—

2.2.3 退水情况

2.2.3.1 退水一般情况

核电厂退水主要由核岛设备冷却水排水、常规岛设备冷却水排水、设备冲洗废水、主厂房工艺系统用水排水、含油废水处理系统排水，及厂区内外生活污水排水组成。核电厂的退水大部分和常规火电厂的组成是一样的，最大的差别是核岛部分用水（主要是核岛设备的冲洗用水）可能含有低放射性污染物质，但其退水量较少。

一次循环冷却方式和二次循环冷却方式核电站退水的主要差别在于其冷却水退水量的不同。

目前，我国已建成运行的核电厂均为滨海核电厂，退水排向附近海域，主要由环保和海洋部门监控和管理。

工业废水为某些设备的排空水和泄漏水，例如辅助给水箱、除盐水贮存箱，工艺管廊集水坑、空调设备冷却水等非放射性生产废水。

生活污水由生活污水排水系统收集汇至生活污水提升泵站，生活污水经生活污水处理站集中处理。生活污水经生化处理后达到国家《污水综合排放标准》（GB 8978—1996）中的“城镇二级污水处理厂”一级标准，再经中水处理后，满足《城市污水再生利用　城市杂用水水质》（GB/T 18920—2020）水质要求，出水用于厂区绿化、道路浇洒等。生活污水处理站产生的剩余污泥外运。

含油废水排放是将核电站所有厂房的含油废水用管道汇集到含油污水处理站，处理后水质达到《污水综合排放标准》（GB 8978—1996）的一级标准，就近排入雨水系统。

核电站各系统产生的少量放射性废水，经低放射性废水处理设施处理后达标排放。低放废水排放满足《核电厂放射性液态流出物排放技术要求》（GB 14587—2011）和《核动力厂环境辐射防护规定》（GB 6249—2011）的相关要求。

退水影响主要包括退水对淡水功能区和第三者的影响，和对水功能区及第三者的影响等，正常工况下经核电站处理后的退水产生的影响较小。非正常工况和风险事故情况下，核电站应备有相应措施，如设置应急气体排出系统（KTB2），设置完善的可燃气体控制系统-非能动的安全壳消氢系统（JMT），设置堆芯捕集器（JMR），设置反应堆堆内构件检查井水应急使用系统（JNB），设置双层安全壳系统等。除此之外，核电站需设置核电站防洪设施、抗震设施、多重极端自然灾害叠加事故的预防和缓解措施、有效的核设施质量保证体系、失去应急电源后附加电源的可用情况及应急预案等措施来预防和抵御类似于福岛事故的情况。

2.2.3.2　田湾核电站退水情况

1. 退水系统组成

滨海核电以田湾一期核电为例，淡水退水主要分为三个系统，即雨水排水系统、生活污水系统、含油废水排水系统。核电站各系统产生的少量放射性废水，经低放射性废水处理设施处理后达标排至虹吸井，随海水冷却退水系统排入黄海，不排入淡水水体。

（1）雨水排水系统。雨水排水系统收集雨水和厂房排出的符合排放标准的工业废水，并将其排入海中。

（2）生活污水系统。生活污水来自田湾核电站扩建工程1号、2号机组的所有建筑物。

（3）含油废水排水系统。含油废水主要为火灾时事故排水和平时地面冲洗水排水等。

2. 退水处理方案

（1）雨水排水。雨水排水系统收集雨水和厂房排出的符合排放标准的工业废水，通过雨水管网汇集至虹吸井，与海水循环水排水掺混后排入黄海。

（2）生活污水排放。生活污水由生活污水排水系统收集汇至生活污水提升泵站，生活污水经提升送至1号、2号机组南BOP生活污水处理站集中处理。生活污水经生化处理后达到国家《污水综合排放标准》（GB 8978—1996）中的“城镇二级污水处理厂”一级标准，再经中水处理后，满足《城市污水再生利用 城市杂用水水质》（GB/T 18920—2020）水质要求，出水用于厂区绿化、道路浇洒等。中水回用如有余量经1号、2号机组雨水排水口（南区）排海。生活污水处理站产生的剩余污泥外运。南区生活污水处理站污水处理设计规模1200m³/d，中水处理设计规模1000m³/d。

（3）含油废水排放。含油废水排放系统是将核电站所有厂房的含油废水用管道汇集到含油废水处理站，处理后水质达到《污水综合排放标准》（GB 8978—1996）的一级标准，就近排入雨水系统，最终经虹吸井排海。在田湾核电站同时发生火灾次数为一次的条件下，汽机厂房消防水量和排放的含油废水可能含油量最大，其含油废水一次排水量约200m³，含油废水池有效容积250m³，含油废水处理设备设计处理能力2×5m³/h。

（4）低放废水排放。核电站各系统产生的少量放射性废水，经低放射性废水处理设施处理后达标排至虹吸井，随海水冷却退水系统排入黄海，不排入淡水水体。低放废水排放满足《核电厂放射性液态流出物排放技术要求》（GB 14587—2011）和《核动力厂环境辐射防护规定》（GB 6249—2011）的相关要求，设计工况下废液排放系统进出口各类废液放射性总量及浓度见表2.9。

表2.9 设计工况下废液排放系统进出口各类废液放射性总量及浓度

废液类型	废液量/(万 m³/a)	入口处放射性总量/(GBq/a)	入口处放射性浓度/(Bq/L)	出口处放射性总量/(GBq/a)	出口处放射性浓度/(Bq/L)
TEP 排³H 废液	1.23	11.44	923.60	11.40	921.00
APG 排污	1.68	6.64	395.20	4.88	290.50
二回路给水泄漏	34.74	46.20	133.00	37.60	108.20
TEU 处理	2.00	11.88	594.00	11.74	587.00
合计	39.65	76.16		65.62	

3. 实际退水

（1）生活污水。1号、2号机组2009—2013年生活污水处理站排放生活污水情况见表2.10。

表2.10 运行期1号、2号2009—2013年机组生活污水排放参数

年份	生活污水年排放/万 m^3	排水水质是否符合国家标准	年份	生活污水年排放/万 m^3	排水水质是否符合国家标准
2009	11.4	符合	2012	15.9	符合
2010	17.1	符合	2013	11.4	符合
2011	18.1	符合			

（2）工业废水。工业废水主要是制氢、制氯和核岛等产生的含油废水，经含油废水处理系统处理后的水质满足《污水综合排放标准》（GB 8978—1996）的一级标准。该部分废水收集后用于厂区绿化和道路喷洒。1号、2号机组2009—2013年排放的含油废水情况见表2.11。

表2.11 运行期1号、2号机组2009—2013年排放的含油废水情况

年份	含油废水年排放/万 t	排水水质是否符合国家标准	年份	含油废水年排放/万 t	排水水质是否符合国家标准
2009	1.86	符合	2012	9.11	符合
2010	5.52	符合	2013	4.49	符合
2011	3.26	符合			

（3）放射性废水。1号、2号机组2008—2013年放射性废水排放情况见表2.12。如表所示，运行期各年份放射性废水年放在21.3万～29.5万 m^3，平均26.8万 m^3，2010年以后排水量呈逐年下降趋势；最大年排放29.5万 m^3，平均排水量807m^3/d；排水水质符合国家相关标准。该部分废水排入海洋。

表2.12 运行期1号、2号机组2008—2013年放射性废水排放情况

年份	放射性废水年排放/万 t	是否符合国家标准	年份	放射性废水年排放/万 t	是否符合国家标准
2008	28.6	符合	2011	28.8	符合
2009	29.4	符合	2012	23.1	符合
2010	29.5	符合	2013	21.3	符合

2.2.3.3 桃花江核电站退水情况

目前，我国仍未建设内陆核电站，其退水资料取自各电站水资源论证报告（尚未通过审查），仅供参考。

桃花江核电站非放射性排水，夏季2台机组，常规岛用水系统冷却塔排污

2866m³/h，厂用水系统排污水量 130m³/h，生活污水排放量 14.5m³/h，常规岛除盐水用户排放 40m³/h，核岛除盐水用户排放 20.8m³/h，除盐水车间反冲洗废水 108m³/h，除盐水车间中和后的酸碱废水 24.7m³/h。循环水系统排污水、生活污水及其他工业废水总计排水量约 3204m³/h，按排放时间 7000h 计算，全年排污水量约为 2243 万 m³。2 台 AP1000 机组每年低放废水排放量约为 6000m³。入河排污口布置在核电厂取水口的下游。

2.2.3.4 彭泽核电站退水情况

彭泽核电站冷却塔为二次循环系统，退水主要为冷却塔运行产生的循环水系统排污水。冷却塔二次循环系统退水，夏季 2 台约 2996m³/h，冬季 2070.8m³/h。循环水系统排污水、生活污水、低放废水及其他工业废水总计夏季 3203.69m³/h，冬季 2278.76m³/h。全年排污 1918.86 万 m³。低放废水均达标排放（表 2.13）。退水口布置在厂区东北面，排入长江。

表 2.13　彭泽核电厂 1 号、2 号机组运行液态放射性流出物年排放量

液态放射性流出物	GB 6249—2011 控制值/(Bq/a)	核电厂排放量/(Bq/a)	占控制值的百分比
氚	1.5×10^{14}	7.48×10^{13}	49.87%
其余核素	7.5×10^{11}	1.90×10^{10}	2.53%

2.2.3.5 咸宁核电站退水情况

咸宁核电厂规划 4×AP1000 压水堆机组，采用“一次规划，连续建设”的建设模式。4×AP1000 核电机组，年总排水量 0.4767 亿 m³，平均排水流量 1.77m³/s，主要为冷却塔排水；其他系统废液量排放量为：化容下泄流 2408m³/a，其他低放射性废液 27.328m³/d（9974.72m³/a），合计 12383m³/a。各类放射性流出物的年总排放量见表 2.14。排水口设在厂址东侧水库库内。

表 2.14　咸宁核电厂 1 号、2 号机组运行液态放射性流出物年排放量

液态放射性流出物	GB 6249—2011 控制值/(Bq/a)	核电厂排放量/(Bq/a)	占控制值的百分比
氚	1.5×10^{14}	1.49×10^{14}	99.33%
其余核素	7.5×10^{11}	3.78×10^{10}	5.04%

2.2.3.6 小墨山核电站退水情况

小墨山核电厂非放射性废水（冷却塔排污水和生活污水）经废污水处理站处理后，用于绿化、道路洒水、洗车，以及循环冷却水系统的部分补水，基本上不外排。低放废水均达标排放，排水量 2 万 m³/a，具体见表 2.15。小墨山核电厂排水口在取水口下游，以槽式排放方式有控制地排入长江。

表 2.15 湖南小墨山核电厂 1 号、2 号机组运行液态放射性流出物年排放量

液态放射性流出物	GB 6249—2011 控制值/(Bq/a)	核电厂排放量/(Bq/a)	占控制值的百分比
氚	1.5×10^{14}	4.54×10^{13}	30.27%
其余核素	7.5×10^{11}	1.49×10^{11}	19.87%

通过上述滨海及内陆核电站的退水情况分析，田湾一期非放射性污水实际排水量约为 25 万 m^3，桃花江、咸宁、彭泽三个内陆核电站非放射性污水设计排水量近 2000 万 m^3，远大于滨海核电，而同样为内陆核电站的小墨山核电厂基本不排放，经废污水处理站处理后，用于绿化、道路洒水、洗车，以及循环冷却水系统的部分补水。因此，核电站有能力采取相应的措施实现水资源的有效利用。

2.3 正常工况下的 AP1000 堆型取排水设计

AP1000 是西屋公司在非能动先进压水堆 AP600 的基础上开发的第三代核电堆型。AP1000 安全系统采用“非能动”的设计理念，更好地达到“简化”的设计方针。安全系统利用物质的自然特性，如重力、自然循环、压缩气体的能量等简单的物理原理，不需要泵、交流电源、1E 级应急柴油机及相应的通风、冷却水等支持系统，大大简化了安全系统（它们只在发生事故时才动作），大大降低了人因错误。“非能动”安全系统的设计理念是压水堆核电技术中的一次重大革新。

本节以桃花江核电站、湖北咸宁核电站、江西彭泽核电站和小墨山核电站的设计方案为例，介绍正常工况下的 AP1000 堆型取排水的设计。由于上述核电站设计方案尚未经过水资源论证审查，仅供参考。

2.3.1 桃花江核电站取排水设计

2.3.1.1 取水

湖南桃花江核电站取水规模：4 台机组总取水量约 6.4m^3/s，按年运行小时 7000h 计算，年取水量约 16128 万 m^3。取水水源：资水地表水。取水地点：取水头部位于已建成的修山水库库区、资水干流分汊河道的右汊。

该核电站施工期间用水量参考秦山核电站二期等已建工程用水情况：施工期生活用水约 41.67m^3/h（即 0.012m^3/s），混凝土浇筑、砂石料冲洗及其他用水约 122m^3/h（即 0.034m^3/s），施工机械冲洗约 3m^3/h，再考虑管网漏失等损耗，则桃花江核电站施工期间用水量约为 180m^3/h（即 0.05m^3/s）。

桃花江核电站夏季正常运行工况，2 台 AP1000 机组常规岛循环水量为 468000m^3/h，自然通风冷却塔循环水补给水量为 8950m^3/h；核岛循环水量为 10000m^3/h，机械通风冷却塔循环水量为 10000m^3/h，补给水量为 405m^3/h；其他工业用水、生活用水以及管网漏失等损耗用水量约为 1813m^3/h；则 2 台 AP1000 机组共需水量约为 11168m^3/h，即 3.10m^3/s。根据核电安全运行等包络性原则，确定 2 台 AP1000 机组的取水量为 3.20m^3/s，4 台机组的取水量为 6.40m^3/s。按机组年发电利用小时数 7000h 考虑，2 台机组年取水量为 8064 万 m^3，4 台机组年总取水量为 16128 万 m^3。表 2.16 列出了桃花江核电站 2 台 1000MWe 机组用水量，表 2.17 列出了桃花江核电站 2 台 1000MWe 机组回用水量，表 2.18 列出了桃花江核电站 2 台 1000MWe 机组耗水量。

表 2.16　桃花江核电站 2×1000MWe 机组用水量

序号	项　目		用水量/(m^3/h)
1	循环冷却水系统	循环水	468000
2		补充水	8950
3	机械通风冷却塔	循环水	10000
4		补充水	405
5	生活用水		40.2
6	除盐水处理系统		540
7	工业用水	常规岛工业用水	32
8		空调机组补充水	9
9		核岛工业用水	5.4
10		厂用水泵轴承冷却水	10
11	预处理厂自用水损耗		671.4
12	管网漏失		505
13	浇洒道路绿化用水		11.7
14	洗车用水		2.8
小　计			489182.5

表 2.17　桃花江核电站 2×1000MWe 机组回用水量

序号	项　目	回用水量/(m^3/h)
1	循环冷却水系统回用水量	468000
2	机械通风冷却塔回用水量	1000
3	浇洒道路绿化用水	11.7
4	洗车用水	2.8
小　计		478014.5

表 2.18　桃花江核电站 2×1000MWe 机组耗水量

序号	项目		耗水量/(m^3/h)
1	常规岛冷却塔	风吹损失	117
2		蒸发损失	5967
3	机械通风冷却塔	风吹损失	5
4		蒸发损失	270
5	生活用水耗水		4
6	生活污水处理站耗水		7.2
7	绿化、洗车耗水		14.5
8	除盐水	常规岛除盐水用户损耗	260
9		核岛除盐水用户损耗	59.2
10		电厂除盐水车间自用水损耗	27.3
11	工业用水	常规岛工业用水	28.8
12		空调机组补充水	9
13		核岛工业用水	5.4
14		厂用水泵轴封冷却水	10
15	预处理厂自用水损耗		671.4
16	管网漏失		505
小计			7960.8

根据核电站生产工艺流程的要求，核电站供水保证率按 97%设计。

桃花江核电站的用水分为常规岛循环冷却水系统补充用水、核岛循环冷却水系统补充用水、其他工业用水和生活用水等部分。核电站采用敞开式取水明渠作为取水头部方案，取水泵房为开敞式岸边取水泵房，设置在厂址的北侧，取水泵房后设置 2 根 *DN*1600 焊接钢管的输水管至水处理厂。

桃花江核电站施工期间用水量参考秦山核电站二期等已建工程用水情况，约为 180m^3/h。桃花江核电站 2 台机组正常运行工况取水量为 8064 万 m^3，4 台机组正常运行工况取水量为 16128 万 m^3。湖南桃花江核电站的建设符合国家产业政策，符合《核电中长期发展规划（2011—2020 年）》，具有发电、减少燃煤发电所带来的环境污染、加快区域经济发展等综合效益；采用二次循环供水系统，减少从资水新取用水量，取水量基本满足内陆核电用水量指标要求，桃花江核电站取用水是合理的。

2.3.1.2　排水

表 2.19 列出了桃花江核电站 2×1000MWe 机组排水量。

表2.19　　桃花江核电站2×1000MWe机组排水量

序号	项　　目	排水量/(m^3/h)
1	常规岛用水系统排污	2866
2	厂用水系统排污	130
3	生活用水排污	14.5
4	常规岛除盐水用户排污	40.0
5	核岛除盐水用户排污	20.8
6	除盐水车间中和后的酸碱废水	24.7
7	除盐水车间反冲洗废水	108.0
8	常规岛工业用水	3.2
小　计		3207.2

(1) 生活污水。生活污水以自流方式排入生活下水管道的室外管网中，随后进入厂区生活污水处理站，经过二级生化处理，达到《污水综合排放标准》(GB 8978—1996) 一级标准后，一部分用作厂区绿化、道路浇洒和洗车用水，一部分排入资水。

(2) 循环冷却水系统排污水。为保证循环冷却水水质稳定，加投阻垢剂、缓蚀剂和杀菌剂。阻垢剂、缓蚀剂采用无磷、无重金属有机配方，没有磷和重金属污染。根据在原水中添加的阻垢缓蚀物质和冷却水浓缩倍率，排污水中物质基本符合《污水综合排放标准》(GB 8978—1996) 的一级标准。

(3) 对于除盐水生产系统废水、凝结水精处理再生废水（简称化学废水），其水质为酸碱性废水，调整pH值至符合国家标准，当清水泵出口pH值不符合排放标准时，废水将被自动返回废水贮池重新处理。排放标准按《污水综合排放标准》(GB 8978—1996) 一级标准执行。

(4) 含油废水排水系统。厂区的含油废水主要是各厂房清洁设备和地面的排水，及电气厂房火灾放油时排放的废水。含油污水收集后通过处理使其达到《污水综合排放标准》(GB 8978—1996) 的一级标准后排入资水。

(5) 放射性退水。放射性废水因含有放射性元素或裂变产物，过量的放射性物质会损坏人类身体健康，所以要经过严格处理，才能排放。放射性废水具有重金属元素种类多和浓度高、具有放射性、对人和动物危害大的特点。从根本上讲，放射性元素只能靠自然衰变来降低以及消除其放射性。故其处理方法从根本上说，无非是贮存和扩散两种。对于高水平放射性废物，一般妥善地贮藏起来，与环境隔离；对中低水平的放射性废物，则用适当的方法处理后，将大部分的放射性废物转移到小体积的浓缩（压缩）物中，并加以贮藏，将小部分放射性活度小于最大允许排放浓度的废物排于环境中进行稀释、扩散。对不同种类的放射性废液采取不同的处理方式。

1）含硼、含氢反应堆冷却剂流出液。来自化容下泄流管线或反应堆冷却剂疏水箱的反应堆冷却剂流出液通过真空脱气塔，将溶解氢和裂变废气去除。脱气塔排放泵将脱气后废液送至流出液贮存箱中。一台流出液贮存箱可用于接收脱气后的反应堆冷却剂，将其循环取样后，通过化容补水泵重新返回反应堆冷却剂系统。冷却剂流出液通常由离子交换床处理，或不经处理通过监测箱监测排放。当液体废物系统固定设施无法处理该类废液时，由移动式处理设备处理。

离子交换床处理为常规模式。AP1000 液体废物系统（WLS）先通过前过滤器，而后经四个串联的离子交换树脂床处理。任何一个树脂床都能手动旁路。最后两个离子交换树脂床的次序可以互换，从而使离子交换树脂得以充分应用。除盐后，废液通过一个后过滤器。过滤后的废液送入监测箱。

监测箱中的废液需经循环取样。如果放射性水平低于排放限值，排入排放总管由循环水稀释排放。废液若监测到高放射性，停止排放，要求运行人员采取行动后再恢复排放。原水系统提供循环水系统补充水，作为循环水系统的后备水源。

2）地面疏水和其他可能含高悬浮固体颗粒杂质的废液经前过滤器去除大量颗粒物，接着通过离子交换床和废液后过滤器，输送入监测箱内。监测箱中的废液取样，若放射性较高，则送回废液贮存槽或直接循环通过过滤器和离子交换树脂床。满足排放要求的废液通过放射性监测仪表后，排入排放总管。

3）洗涤剂废液。这类废液通常不适用上述离子交换方法处理，不经处理收集在化学废液箱内。通常洗涤剂废液的活度较低，可不经处理直接排放。如果有必要处理时，洗涤剂废液能由特殊的屏蔽转运箱送往厂址废物处理设施（SRTF）处理或 SRTF 的移动式设备处理。大量洗涤剂废液主要由 SRTF 的洗衣房和呼吸器清洗操作产生。

4）化学废液。化学废液产生量小，通常只需收集，核岛内不处理。但可在化学废液箱中添加化学试剂用以调节 pH 和其他化学性质等。若化学废液放射性浓度能满足排放要求，则将其中和并送入监测排放管线监测排放。如果排放对这类废液不适用，则将送往 SRTF 进行处理。

桃花江核电站工程设置一个入河排污口，所有外排的低放废水和非放射性废污水均通过此排污口排放。该工程入河排污口不在划定的饮用水源保护区范围内，下游 1km 范围内没有设置集中的生活用水和农业取水设施，避开了经济鱼类产卵场、水生生物养殖场以及集中的游泳和娱乐场所等环境敏感点。

2.3.2 湖北咸宁核电站取排水设计

2.3.2.1 取水

咸宁核电站取水水源为富水水库，属地表取水。取水地点位于富水水库中段北岸，补给水泵房取水点设在龟木窝附近，离岸距离约 400m。电厂坐落在富水水库中部北岸的狮子岩，厂址所处的微地形为库汊包围下的半岛，有着便利的取水条件。

根据设计公司资料，建设 4×AP1000 核电机组，年取水量为 1.692 亿 m^3/a，日最大取水量 54.98 万 m^3/d，平均取水量 22557m^3/h，年总补水量 1.692 亿 m^3。2×AP1000 核电机组，年均取水量 0.846 亿 m^3/a，日最大取水量 27.49 万 m^3/d，平均取水量为 3.182m^3/s。单位装机取水量 1.274$m^3/(s \cdot GW)$，单位发电取水量 4.58$m^3/(MW \cdot h)$，循环水利用率 97.8%。

根据项目设计生产工艺流程的要求，常规岛冷却水补水保证率为：设计保证率 $P=97\%$，校核保证率 $P=99\%$。核岛供水更高保证率由专设安全厂用水设施解决。

建设项目水位要求：水位与水量同步考虑，按水源水量设计保证率 $P=97\%$，校核保证率 $P=99\%$时，库水位能保证工程项目的正常取水。

富水全流域总水资源量大约 42.81 亿 m^3，总水资源开发利用量大约 4.07 亿 m^3，水资源开发利用率大约为 9.5%。

咸宁核电站的用水系统有：厂用水系统、冷却塔循环系统、生活饮用水系统、化学水预处理系统、各类杂用水系统，各项用水见表 2.20。咸宁核电站 4×AP1000 核电机组的冷却水补充水源取自富水水库，电厂循环冷却水系统采用带冷却塔的单元制再循环供水系统，按规划建设 4×1000MW 核电机组，平均补给水水量为 4×5043m^3/h。

表 2.20　　咸宁核电站淡水用水一览表

序号	项目	规划 4×1000MWe 机组平均用水量/(m^3/h)			备注
		过滤水	澄清水	不采用净水处理	
1	循环水补给水			4×5043	
2	厂用水补给水			4×148	
3	施工用水	200	700		
4	生活用水	100			按 1600 人计
	核岛	70			
	常规岛	30			
5	化学用水（除盐水）	298			
	核岛（除盐水）	8			
	核岛（含硼含放水）	2			
	常规岛（除盐水）	288			

续表

序号	项目	规划 4×1000MWe 机组平均用水量/(m^3/h)			备注
		过滤水	澄清水	不采用净水处理	
6	各类杂用水	152	252		
	闭冷水补充		248		
	其他		4		
	工艺冷却水	112			
	暖通及冲洗水	36			
	其他	4			
7	其他用水	50	40		
8	消防补充水	1 (46)			不常用，补水量参照其他核电
9	合计	801 (800+46)	992	20764 (21116)	总补水量 22557m^3/h

该工程循环水采用带自然通风冷却塔的单元制再循环供水系统。每台机组推荐采用设置4台循环水泵，2座或1座冷却塔，2根循环水供水管和2根循环水回水管，2条回水沟。富水水库作为冷却塔补给水水源和排污水受纳水体。补给水取水泵房取水点设在龟木窝附近，此处深水靠岸，库区、库底相对稳定。循环水补给水取水泵房拟采用敞开式岸边取水泵房，明渠进水。

厂用水损耗包括：蒸发损失、风吹损失、排污损失。4×AP1000 机组总补水量4×148m^3/h。除盐水系统用水量：核岛（除盐水）8m^3/h，核岛（含硼水）2m^3/h，常规岛（除盐水）288m^3/h。生活用水量：核岛生活用水70m^3/h，常规岛生活用水30m^3/h。各类杂用水系统合计用水404m^3/h。另外还包括其他用水和消防补充水等。

咸宁核电站4×AP1000 核电机组冷却塔循环冷却水损耗，蒸发损失，夏季13684m^3/h，平均13448m^3/h，风吹损失，夏季408m^3/h，平均368m^3/h，冷却塔总耗水13816m^3/h。其他环节耗水2385.0m^3/h。合计耗水16201.0m^3/h。全年耗水总量12150万m^3/a。

富水水库在规划年（2030年），97%的设计年份，总来水10.02亿m^3，灌溉用水0.18亿m^3，生态用水2.1亿m^3，上游通山县城镇生活和工业增加用水量1099万m^3，农业增加用水量2340万m^3，余下的水量7.4亿m^3，可满足核电站4×AP1000 机组年运行7500h情况下的取水要求。规划年99%的保证率下，总来水7.82亿m^3，扣除上游通山县增加水量，扣除灌溉用水和生态用水，剩余水量 5.2 亿 m^3，同样可满足核电站 4×AP1000 机组年运行 7500 h 情况下的取水要求。

2.3.2.2 排水

表 2.21 列出了 1×AP1000MW 核电机组淤积流出液的量和相应的处理方法。

表 2.21　　1×AP1000MW 核电机组淤积流出液及其处理情况

贮存箱和废液源		预计流出液	活　度	基　准	处　理
1	流出液贮存箱				过滤，除盐、暂存、排放
	化容下泄流	$602m^3/a$	100%反应堆冷却剂	AP1000 特水计算*	
	安全壳内泄漏至反应堆冷却剂疏水箱	38 L/d	167%反应堆冷却剂	ANSI/ANS—55.6**	
	安全壳外泄漏至流出液贮存箱	303 L/d	100%反应堆冷却剂	ANSI/ANS—55.6	
	取样疏水	757 L/d	100%反应堆冷却剂	ANSI/ANS—55.6	
2	废液贮存箱				过滤，除盐、暂存、排放
	反应堆安全壳冷却	1900 L/d	0.1%反应堆冷却剂	ANSI/ANS—55.6	
	乏燃料池泄漏	95 L/d	0.1%反应堆冷却剂	ANSI/ANS—55.6	
	其他疏水	2650 L/d	0.1%反应堆冷却剂	ANSI/ANS—55.6	
3	洗涤剂废液				过滤，监测、暂存和排放，如需要，由反渗透模块进行处理
	热淋浴水		$10^{-7}\mu Ci/g$	ANSI/ANS—55.6	
	洗手水	757 L/d	$10^{-7}\mu Ci/g$	ANSI/ANS—55.6	
	设备和地面去污	151 L/d	0.1%反应堆冷却剂	ANSI/ANS—55.6	
	洗衣房			厂址废物处理设施（SRTF）洗衣房	
4	化学废液	27 L/d	≤5%反应堆冷却剂	预估	中和处理后监测、暂存、排放，或送往厂址废物处理设施（SRTF）

*　反应堆燃料周期运行时平均下泄：初始加热，稀释和硼化。

**　ANSI/ANS—55.6 中规定取样疏水的活度为 5%反应堆冷却剂活度：100%用作对 GALE 程序分析的保守输入。

咸宁核电站规划4×AP1000压水堆机组，采用“一次规划，连续建设”的建设模式。4×AP1000核电机组，年总排水量0.4767亿m^3，平均排水流量1.77m^3/s，主要为冷却塔排水；其他系统废液量排放量为：化容下泄流2408m^3/a，其他低放射性废液27.328m^3/d（9974.72m^3/365d），合计12383m^3/a。

2×AP1000压水堆机组，年总排水量0.2384亿m^3，平均排水流量0.883m^3/s；其他系统废液量排放量6191m^3/a。

排水口设在厂址东侧水库库内。咸宁核电站产生的低放射性废水经过各自的废液监测箱贮存，经取样监测合格后，通过排水管线与冷却塔排污水混合排入富水水库。排放量根据纳污水体的纳污量变化，其放射性指标受《生活饮用水卫生标准》（GB 5749—2006）控制。

1. 放射性退水处理方案

放射性液体废物系统（WLS）设计用于控制、收集、处理、运输、贮存和处置正常运行及预计运行事件下产生的液体放射性废物，并可控制地向环境排放。WLS的设计能承受处理设备故障情况下的预期废液量和由于过量泄漏可能导致的波动量，而不影响系统的处理能力。WLS的部件包括泵、热交换器、贮存箱、离子交换装置和过滤器等。放射性废液分为下列四类。

（1）含硼、含氢反应堆冷却剂流出液。来自化容下泄流管线或反应堆冷却剂疏水箱的反应堆冷却剂流出液通过真空脱气塔，将溶解氢和裂变废气去除。脱气塔排放泵将脱气后废液送至流出液贮存箱中。一台流出液贮存箱可用于接收脱气后的反应堆冷却剂，将其循环取样后，通过化容补水泵重新返回反应堆冷却剂系统。冷却剂流出液通常经由过滤器、离子交换床、反渗透模块处理，或不经处理通过监测箱监测后排入大贮罐，当满足具体厂址水体条件的排放要求时排放。WLS先通过前过滤器，而后经四个串联的离子交换树脂床处理。任何一个树脂床都能手动旁路。最后两个离子交换树脂床的次序可以互换，从而使离子交换树脂得以充分应用。除盐后，废液通过一个后过滤器。过滤后的废液送入辅助厂房内的两个监测箱进行暂存，随后再送往反渗透模块进行处理，处理以后的废液送入废物厂房的三个监测箱内，监测达标后排入大贮罐，当满足具体厂址条件的排放要求时排放。监测箱中的废液需经循环取样。如果放射性水平低于排放限值，则排入大贮罐。废液若监测到高放射性，停止排放，要求运行人员采取行动后再恢复排放。

（2）地面疏水和其他可能含高悬浮固体颗粒杂质的废液。废液经前过滤器去除大量颗粒物，接着通过离子交换床和废液后过滤器，输送入辅助厂房内的两个监测箱内。监测箱中的废液取样，若放射性较高，则送入后续反渗透模块进行处理。一般来讲，由于该类废水的放射性浓度低于冷却剂类废液，仅离子交换床/过滤即可达到处理要求。若满足排放浓度要求，则经由废物厂房的三个监测箱，排入大贮罐，在满足排放要求时排放。

（3）洗涤剂废液。这类废液通常不适用上述离子交换方法处理，不经处理收集在化学废液箱内。通常洗涤剂废液的活度较低，可不经处理直接排入大贮罐，在满足排放要求时排放。洗涤剂废液主要由厂址废物处理设施（SRTF）的洗衣房清洗操作产生。

（4）化学废液。化学废液产生量小，通常只需收集，核岛内不处理。但可在化学废液箱中添加化学试剂用以调节 pH 和其他化学性质等。若化学废液放射性浓度能满足排放要求，则将其中和并送入监测箱监测达标后，排入大贮罐，在满足排放要求时排放。如果排放对这类废液不适用，则将其送往 SRTF 进行处理。当出现概率很低的事件或产生的流出物与所安装设备不相适应的事件，可以使用移动式的临时设备。WLS 的各个地点设有与移动设备的连接管道，从而能够使移动设备与已安装设备串联处理废液并将处理过的液体返回到 WLS，或者将这些废液从核电站现场转移到别处进行处置。使用临时设备是运行核电站常见的做法。AP1000 核电机组除了为移动设备提供与 WLS 的接口外，还在放射性废物厂房内为其提供了搁置场地，以便操作员以统一的方式集中管理移动式设备。当蒸汽发生器传热管泄漏导致凝结水储箱受到污染时，临时设备还用于净化凝结水贮存箱。

2. 非放射性退水处理方案

（1）化学物质排放。咸宁核电站排放的化学物质主要来自：除盐水生产系统，凝结水精处理系统，循环水处理系统，化学药剂注入系统，随放射性废液释放的化学物质（主要指硼）。

1）除盐水生产系统。除盐水生产系统中的离子交换树脂在运行一段时间后需要再生。树脂再生需要使用酸（如盐酸）、碱（如氢氧化钠），此外再生废水中和处理也需要投入一定的酸碱。

2）凝结水精处理系统。凝结水精处理系统用于为核电站二回路系统提供高纯度的水。系统内设有前置阳床和混床，运行一段时间后阴阳离子需要再生，进而使用一定量的酸碱。

3）循环水处理系统。为满足核电站运行的要求，循环水处理系统对流入冷却塔的水连续加氯处理，即加入次氯酸钠溶液。

4）化学药剂注入系统。化学药剂注入系统，将化学添加剂注入二回路系统，用以控制二回路系统中水的化学工况，使蒸汽发生器在正常运行和停机保养中的腐蚀和固体沉积物减少至最小。为此，设计考虑在凝结水精处理混床出水和给水中实施加氨、加联氨处理。此外，磷酸三钠作为腐蚀抑制剂注入闭式冷却水系统中。

5）硼酸的排放。AP1000 核电机组没有硼回收系统。由于调硼动作造成的化学和容积控制系统下泄流以及泄漏出的反应堆冷却剂中的硼进入 WLS，并最终随放射性废液一起与排污水混合后排入富水水库。

(2) 生活废水。厂区的生活污水来自各厂房、车间、办公楼及各辅助设施内卫生设备的排水和食堂的排水。全厂拟统一建一座生活污水处理站，站内设置 2 套 $15m^3/h$ 的地埋式生活污水处理设施和生活污水调节池，并留有扩建余地。各生活污水排水点的污水经生活污水管网汇集后送至生活污水处理站，处理合格后的水可用于厂区绿化，不外排。

4 台机组向纳污水体排放的核素总量为：氚 1.49×10^{14} Bq/a，其余核素 3.78×10^{10} Bq/a。经和冷却塔废水混合，其平均排放浓度为：氚 3.126×10^{3} Bq/L，其余核素 0.793Bq/L。

咸宁核电站工程设计了各种废水的收集、处理、排放系统，将电厂生产废水进行处理，包括无放射性废水和低放射性废水，处理达标后排放；对生活污水处理后作为厂区清洗道路、浇花灌草的生态用水。

2.3.3　江西彭泽核电站取排水设计

2.3.3.1　取水

彭泽核电站补给水从长江取水，属地表取水。根据江西核电总体规划设计报告，取水口设置在江西省彭泽县马垱乡江段的右岸边。该江段呈微弯状态，两岸为堤防，河床经多年的演变已经稳定。

据江西彭泽核电总体规划设计报告，江西彭泽核电一期工程为新建核电项目，取水系统按 AP1000 两台机组设计，核电站每年的需水量在 6906.9 万 m^3 左右。核电的取水主要用于核电站的循环冷却水系统及核岛厂用水系统的补充水、生活饮用水、电厂化学水原水、工业用水以及消防用水的补充水。

根据电厂生产工艺流程的要求，取水水源要求可靠，应确保在 97%设计保证率的来水量对应低水位时，能有足够的取水深度且取水口河床应稳定可靠。

建设项目水位要求：根据工程规划设计，取水口是按照 97 %设计保证率水位设计的，在正常工况下，能够保证安全取水。

建设项目水量要求：工程按规划设计取水量 $6m^3/s$，长江在该厂址河段 97%保值率的流量为 $7470m^3/s$ 左右。核电站一期最大取水量约为 $3m^3/s$，是长江来水量的 0.04%，因此取水水源地水量完全可以满足二次循环取水的需求。

彭泽核电新建项目淡水预处理水厂与施工用水管网、生产用水管网、生活用水管网组成核电站淡水供应系统。电厂主要用水包括循环水系统、生活用水、工业用水等。其中循环水系统（包括辅助生产用水系统）又包括常规岛循环冷却水取水系统、循环冷却水系统、核岛厂用水系统和消防水系统等。

彭泽核电站补给水从长江取水，一期工程夏季额定工况平均取水量为 10450m³/h，冬季额定工况平均取水量为 7490m³/h。该工程单台机组额定出力按单台 AP1000 计，设备年利用小时按 7000h 计，2 台 AP1000 机组全年补给水量为 6279 万 m³。彭泽核电站从长江取水，主要用于核岛和常规岛的二次循环冷却水系统的补水，另有部分水量供给全厂的生活和工业用水等（表 2.22 和表 2.23）。

表 2.22　　彭泽核电站取水断面可取水量

水平年	可取水量/亿 m³		彭泽核电站年需水量/亿 m³	彭泽核电站年需水量占可取水量的比例	
	$P=97\%$	$P=99\%$		$P=97\%$	$P=99\%$
2020 年	3999.11	3689.11	0.70	0.018%	0.019%
2030 年	3981.73	3671.73	0.70	0.018%	0.019%

表 2.23　　彭泽核电站一期（2 台 AP1000）用水量

序号	项　目	用水量/万 m³	
		夏季	冬季
1	预处理水厂用水	253.3	253.3
2	电厂生活用水	40.2	40.2
3	电厂除盐水车间用水	160	160
4	常规岛除盐用户用水	300	300
5	核岛除盐用户用水	80	80
6	电厂工业用水	56.4	56.4
7	机械通风冷却系统用水	10405	5083.2
8	自然通风冷却系统用水	476950	304152
9	总　计	488244.9	310125.1

2.3.3.2 排水

江西彭泽核电站退水口布置在厂区东北面，排入长江，双管道 $DN800\times2$，长度约 800m。废水处理合格并达到排放标准后的低放废水以及生活污水，与循环冷却塔的冷凝水混合后，输送至下游排污口，排入长江。项目的废污水排放主要为温退水工业废水以及其他废污水。

1. 非放射性退水处理方案

非放射性退水主要指非放射性化学物质废水排放，包括冷却塔运行产生的排污水、余氯排放和污水处理系统的流出物。这些化学物质一部分进入固体废物处理，另一部分经处理后将随各类废水和冷却塔排污水一起排入核电站附近长江水域。

(1) 冷却塔运行产生的废水。冷却塔运行过程中会使冷却水中的添加剂和水中的其他盐类浓缩 4.5 倍，部分物质随飘滴飘出，剩余化学物质随冷却塔排污水排出。冷却塔排出的废水温升约 3～4℃，水量很小，约 0.83m^3/s，而退水口处 97%的设计枯水流量为 7470m^3/s，因此不构成热污染影响。

(2) 余氯排放。为保护电厂冷却系统不被水中附着生物堵塞，避免因细菌和微生物过度繁殖而导致的管道和设备的生物污染，通常在冷却塔取水中加入一定浓度的次氯化物进行消毒。加氯处理在抑制浮游生物和细菌在管道内繁殖的同时，也造成了电厂冷却塔的排污水中含有一定浓度的余氯。

(3) 污水处理系统的流出物。污水处理系统的流出物主要是指电厂生活污水以及其他非放射性废水处理后的排放物。

(4) 生活污水处理的排放物。主要污染因子有 SS、COD、BOD_5 等，污染物经过污水处理系统处理后，污水达到国家《城镇污水处理厂污染物排放标准》(GB 18918—2002) 一级 B 标准排放，即 SS 达到 20mg/L，COD 达到 60mg/L，BOD_5 达到 20mg/L，石油类达到 3mg/L 达标后，与冷却循环退水混合排入长江。

2. 放射性退水处理方案

放射性废液系统设计采用固定式设备处理正常运行和预计运行事件下产生的废液，系统的设计基准源项按 0.25%燃料元件破损率考虑。四种低放废液的处理和处置的主要流程分别如下：

(1) 含硼、含氢反应堆冷却剂流出液。来自化容下泄流管线或反应堆冷却剂疏水箱的反应堆冷却剂流出液通过真空脱气塔，将溶解氢和裂变废气去除。脱气塔排放泵将脱气后废液送至流出液贮存箱中。一台流出液贮存箱可用于接收脱气后的反应堆冷却剂，将其循环取样后，通过化容补水泵重新返回反应堆冷却剂系统。冷却剂流出液通常经由过滤器、离子交换床、反渗透模块处理，或不经处理通过监测箱监测后排入大贮罐，当满足具体厂址水体条件的排放要求时排放。

放射性液体废物系统 (WLS) 先通过前过滤器，而后经四个串联的离子交换树脂床处理。任何一个树脂床都能手动旁路。最后两个离子交换树脂床的次序可以互换，从而使离子交换树脂得以充分应用。

除盐后，废液通过一个后过滤器。过滤后的废液送入辅助厂房内的两个监测箱进行暂存，随后再送往反渗透模块进行处理，处理以后的废液送入废物厂房的三个监测箱内，监测达标后排入大贮罐，当满足具体厂址水体条件的排放要求时排放。监测箱中的废液需经循环取样。如果放射性水平低于排放限值，则排入大贮罐排放。废液若监测到高放射性，停止排放，要求运行人员采取行动后再恢复排放。

（2）地面疏水和其他可能含高悬浮固体颗粒杂质的废液。地面疏水和其他可能含高悬浮固体颗粒杂质的废液经前过滤器去除大量颗粒物，接着通过离子交换床和废液后过滤器，输送入辅助厂房内的两个监测箱内。监测箱中的废液取样，若放射性较高，则送入后续反渗透模块进行处理。一般来讲，由于该类废水的放射性浓度低于冷却剂类废液，仅离子交换床/过滤序列即可达到处理要求。若满足排放浓度要求，则经由废物厂房的三个监测箱，排入大贮罐，在满足排放要求时排放监测达标后排放。

（3）洗涤剂废液。洗涤剂废液通常不适用上述离子交换方法处理，不经处理收集在化学废液箱内。通常洗涤剂废液的活度较低，可不经处理直接排入大贮罐，在满足排放要求时排放。洗涤剂废液主要由厂址废物处理设施（SRTF）的洗衣房清洗操作产生。

（4）化学废液。化学废液产生量小，通常只需收集，核岛内不处理。但可在化学废液箱中添加化学试剂用以调节pH值和其他化学性质等。若化学废液放射性浓度能满足排放要求，则将其中和并送入监测排放管线箱监测达标后排放。如果不满足排放要求，则将送往SRTF进行处理。

2.3.4　小墨山核电站取排水设计

2.3.4.1　取水

小墨山核电站一期工程（2×1000MW）以长江干流作为核电站的供水水源。取水口位置在长江干流中游（宜昌至武汉）的监利河段。取水口位于长江干流右岸（南岸），在湖南省岳阳市华容县境内。用水包括安全厂用水和其他用水两个部分。其他用水包括电厂的冷却用水和工业用水、生活、消防用水等。

小墨山核电站设计取水流量为7480m^3/h（2.08m^3/s），设计年利用小时数7300h，设计年取水总量为5460万m^3，设计取水保证率为97%。核电站内设置安全厂用水水池，可以保证核反应堆在任何条件下均能连续30d维持安全停堆所需水量。安全厂用水取自厂内安全水池。

小墨山核电站取用长江水，厂内用水分为常规循环冷却水、安全厂用水、生产用水、生活用水和消防用水。常规循环冷却水和安全厂用水属于电厂的工业冷却水；生产用水主要是指电厂所需的除盐水和部分设备的冷却、轴封水等。在长江设取水口，取水口经过取水管将水输入配水井，用提水泵将水送入安全厂用水应急水池。循环冷却水分为常规循环冷却水和安全厂用水两路。核岛用水系统包括设备冷却水系统和安全厂用水系统。安全厂用水采用独立式冷却塔二次循环冷却水系统，每台1000MW机组配一组机力通风冷却塔，布置在核岛厂房一侧，缩短循环水管线长度。

根据规范要求，安全厂用水在出现任何事故的情况下，最终要保证30天的安全厂用水量。为此，拟利用厂址与长江之间的繁连湖（部分）进行整治作为安全厂用水应急水池。安全厂用水应急水池设置取水构筑物和取水泵房。

2.3.4.2 排水

该工程退水采用完全独立的管网排水系统，包括生活和工业废水排水系统、安全厂用水冷却塔、低放射性废水排水系统及厂区雨水排水系统。生活污水和常规工业废水经工业废水处理站处理达标后重复利用，不外排。安全厂用水冷却塔排水进入核电站退水系统。核岛低放射性废水经处理达标后排入核电站退水系统，最终退入长江。厂区雨水排水系统将厂区雨水排入核电站退水系统。

2.4 非正常工况下的AP1000堆型取排水设计

根据国际原子能机构（IAEA）制定的国际核事故分级标准，核电站的非正常运行事件可分为7个级别，其中1～4级事故主要发生在核电站内部，并不向厂外释放放射性物质，因而可以认为这些核事故对于水资源安全没有影响。5级以上的核事故将会向环境释放放射性物质，对于水资源乃至人类社会的安全都具有重大的威胁。

一旦发生核事故，核电站的首要任务就是降低反应堆的反应性从而使之安全停堆。火电厂的锅炉在熄火后就不再燃烧产生热量，但核电站的反应堆在停堆后因核衰变的继续进行而产生余热。在非正常工况下，需要把余热排出堆芯，确保核燃料的有效冷却以避免烧毁堆芯。此外，核电站还需要采取必要的措施来减少可能的放射性物质排放。冷却堆芯需要大量的水作为冷却剂，若注入的水中含有硼则可降低堆的反应性，在安全壳内喷水可降低放射性物质向环境的释放量，由此可见，水是保证核电站安全的关键资源之一。

核电站都专设安全系统来完成上述安全措施。就AP1000而言，其采用非能动安全系统（passive safety system），该技术从根本上革新了以前的核反应堆安全系统，利用自然界固有的物理性质来保障核岛安全：利用物质的重力及流体的自然对流、扩散、蒸发、冷凝等原理在事故应急时冷却反应堆厂房（安全壳）和带走堆芯余热。

本节主要介绍AP1000的非能动安全系统在非正常工况下的取排水设计。AP1000的非能动安全系统包括非能动堆芯冷却系统和非能动安全壳冷却系统这两个部分。

2.4.1 AP1000的非能动堆芯冷却系统的取排水设计

AP1000的非能动堆芯冷却系统（Passive Core Cooling System，PXS）由非

能动堆芯余热排出系统（Passive Residual Heat Removal System，PRHR）和非能动安全注入系统（Passive Safety Injection System，PSIS）两部分组成。

PXS 的主要作用就是在非正常工况下提供应急堆芯冷却，主要设备包括：两个堆芯补水箱（Core Makeup Tank，CMT）；两个安注箱（Accumulator，ACC）；安全壳内置换料水箱（In－containment Refueling Water Storage Tank，IRWST）；非能动余热排出热交换器（Passive Residual Heat Removal System Heat Exchanger，PRHRHX）；pH 调节篮（pH Adjustment Basket）；相关的管道、阀门和仪器；以及其他一些设备。PXS 水箱参数见表 2.24。

表 2.24　　PXS 水箱参数

参数	参数值
堆芯补水箱	
数量	2
类型	立式，筒式，半球型封头
总容量，ft^3（m^3）	2500（70.8）
设计压力，MPa	2485（17.1 表压）
设计温度，℃	650（343.3）
材料	碳钢，不锈钢衬里
AP1000 设备级别	A
硼浓度（最小 mm）	3400
安注箱	
数量	2
类型	球型
总容量，ft^3（m^3）	2000（56.6）
水容量，ft^3（m^3）	1700（48.1）
设计压力，MPa	800（5.52 表压）
设计温度，℃	300（148.9）
材料	碳钢，不锈钢衬里
AP1000 设备级别	C
硼浓度（最小 mm）	2600
安全壳内置换料水箱	
数量	1
类型	与安全壳内部结构一体
容量，最小水容量，ft^3（m^3）	73900（2092）
设计压力，MPa	5（0.034，表压）
设计温度，℃	150（65.6）
材料	湿表面为不锈钢
AP1000 设备级别	C
硼浓度（最小 mm）	2600

对于核电站严重事故而言，堆芯补水箱通过直接注入管向反应堆冷却剂系统提供硼水。只要反应堆冷却剂系统的压力降到低于安注箱的静压后，安注箱向压力容器直接注入管提供流量。一旦反应堆冷却剂系统的压力降到低于内置换料水箱的注入压头时，内置换料水箱提供重力注入。非能动堆芯冷却系统的流速随着事件的类型和特有的压力瞬态的不同而不同。随着堆芯补水箱的水排出，自动卸压系统的阀门也依次打开。卸压顺序建立反应堆冷却剂压力条件，以允许安注箱、内置换料水箱和安全壳再循环通道的注入，从而保证注入水源是连续可用的。

非能动堆芯冷却系统的水都含有硼，在事故发生后起降低堆芯反应性及冷却堆芯的作用。堆芯冷却系统中的水耗尽后并不进行相应的补充，即不需要从水源取水。堆芯冷却系统排出的水将会在钢制安全壳的弧形底部聚集，对水资源没有直接的影响。

2.4.2 AP1000 的非能动安全壳冷却系统的取排水设计

非能动安全壳冷却系统（Passive Containment Cooling System，PCS）由一台与安全壳屏蔽构筑物结构合为一体的储水箱、从水箱经由水量分配装置将水输送至安全壳壳体外表面的管道，以及相关的仪表、管道和阀门构成。非能动安全壳冷却系统还设有一台辅助水箱、再循环水泵以及用来对贮存水加热和添加化学物的再循环管。附加的管道接口及阀门用于储水箱补水，并使非能动安全壳冷却系统储水可用于乏燃料池及抗震消防水塔。

与取排水密切相关的非能动安全壳冷却系统的部件为非能动安全壳冷却水储存箱（PCCWST）。设置两台再循环泵（Recirculation Pumps）用于循环储水箱中的水。储水箱初期充满水，由去离子水系统（De-mineralized Water System）提供正常补水。

非能动安全壳冷却系统亦包括一台非能动安全壳冷却辅助水箱（Passive Containment Cooling Ancillary Water Storage Tank，PCCAWST），为安全壳冷却提供额外水源，并为乏燃料池或消防系统提供补水。再循环泵可将辅助水箱中的水输送至储水箱，或直接输送至安全壳表面、乏燃料池，以及消防系统。

在一般事故情况下，安全壳冷却系统中的水由去离子水系统正常补水，去离子水系统从水源地（河流、湖库）中直接取水。若在某些极端事故情况下，全厂丧失所有电源（如日本福岛事故），非能动的安全壳冷却系统不能通过正常途径补给，其存储的水量能确保在 3 天之内，不需要操纵员干预有效冷却反应堆。若 3 天之后事故形势依旧没有得到改善，则需要采取应急措施给安全壳冷却系统补水或者是直接冷却安全壳，比如利用消防车、直升飞机进行喷洒等。

绝大部分安全壳冷却系统的排水将会吸收钢制安全壳所传递的热量而转化

为水蒸气，由环境空气携带排入周围的大气，少部分安全壳冷却系统的水会滞留在安全壳与安全壳屏蔽构筑物之间的空隙中。只要安全壳的功能没有丧失，这些水体中的放射性核素含量将极为有限，对于水资源安全的影响不大。AP1000的钢制安全壳在最大程度上保证了其长期安全有效。

2.4.3 其他系统非正常工况下的取排水情况

2.4.3.1 乏燃料池冷却系统（Spent Fuel Pool Cooling System，SFS）

AP1000乏燃料池冷却系统是一个非安全相关的系统，因此它不需要在核事故后运行以缓解事故的可能后果。在一般的核事故中，若乏燃料池冷却系统不可用，乏燃料的冷却由池中水的热容量承担。在长期失去乏燃料池冷却的极端事故情况下，池水会开始沸腾并且水位下降。主控室中乏燃料池低水位报警将警告操纵员需要向池中补水。在补给水投入的情况下，水位可维持在乏燃料组件上至少7d。在最初的72h内任何所需的补水均由安全相关的水源供给。72h到7d的补水如果超过安全相关水源补给能力，则由非能动安全壳冷却辅助水箱供应。日本福岛事故后，乏燃料池的安全性受到人们的重视。在严重事故情况下，乏燃料水池的正常补水途径可能会受到破坏，需要采取额外的补水手段。目前关于这方面的设计比较缺乏，可考虑在乏燃料储存池附件设置非能动的储水罐用于应急供水。乏燃料池中的水主要以水蒸气的形式排出，对水资源的安全影响不大。

2.4.3.2 厂用水系统（Service Water System，SWS）

厂用水系统向位于汽轮机厂房内的非安全相关的设备冷却水系统（CCS）的热交换器提供冷却水以排除热量。厂用水系统无论在电厂正常运行还是事故工况，都将设备冷却水系统传输的热量带出。虽然不需要厂用水系统的运行来保证电厂的安全，但是它为电厂提供了重要的纵深防御和保护功能。

在核电站正常功率运行期间，只需一台厂用水泵运行即可（流量2453m^3/h），另一台作为备用。在核电站装换料和启动阶段，以及冷却降温阶段，厂用水系统两台水泵都运行，总流量为4906m^3/h。如果此时一台厂用水水泵发生故障，核电站仍然可以继续进行冷却，但会延长冷却时间。

厂用水系统直接从水源地取水，排水也直接排入水源地（若是内陆核电，则采取冷却塔的形式）。

2.4.3.3 设备冷却水系统（Component Cooling Water System，CCS）

AP1000的设备冷却水系统是一个非安全相关的，封闭回路冷却水系统。所有核岛设备都由设备冷却水系统冷却，而不能直接用厂用水来进行冷却。它在核电站运行的各个阶段，包括停堆和事故之后，把那些可能含有放射性水的系统，如反应堆冷却剂系统、化容系统、余热排出系统，产生的热量排到厂用水系统。

设备冷却水系统包含两个相互并联互为支持的独立系列，每个系列包括一台设备冷却水泵和一台设备冷却水热交换器。不同运行模式下设备冷却水系统参数见表2.25。设备冷却水系统是一个封闭回路，在核事故情况下并不涉及取排水情况，对水资源安全的影响可以忽略。

表2.25　　不同运行模式下设备冷却水系统参数

运行模式	设备冷却水流量/(m^3/h)	最高供水温度/℃
正常工况	2226	35.0
电厂停堆4h	3453.7	43.3
电厂停堆96h	3406.2	35.0
换料	2120	35.0
电厂启动	3505.2	35.0

2.4.3.4 除盐水输送和贮存系统（Demineralized Water Transfer and Storage System，DWS）

除盐水输送和贮存系统接受除盐水处理系统来的除盐水，并设置一个除盐水存储箱用以向凝结水存储箱供水及进行全厂分配。除盐水存储箱容量大约为378.5m^3，凝结水存储箱的容积为1835.9m^3。在启动、热备用或停堆阶段，当主给水系统失效，无法向蒸汽发生器供水时，需要从凝结水存储箱吸水。

除盐水系统直接从水源地补水，在核事故中可作为一个应急水源为非能动安全系统进行供水，其存储箱也可以用于存储核事故应急所产生的放射性废水。

3 与水资源安全有关的核电技术标准及合理性评价

3.1 我国核安全的法律、标准体系

核电站对水资源安全的影响属于核安全的范畴。核安全一词的确切含义，在不同的管理层次、不同领域和不同知识语境下是不同的。这里强调的是针对水资源的核设施安全和辐射安全。设施安全主要是针对核电站运行及其产生的放射性物质的控制；辐射安全是针对既有或瞬发放射性的控制。

我国核安全法律法规按照法律效力分为三个层次。第一层为全国人民代表大会制定的核安全有关法律，主要是《中华人民共和国放射性污染防治法》、《中华人民共和国核安全法》和《中华人民共和国原子能法（征求意见稿）》。第二层为国务院制定的核安全行政条例，并以实施细则作为配套文件。第三层为国务院各部门（主要是生态环境部、国家核安全局）发布的部门规章或重要国家标准。按照标准法规定，国家标准（除推荐性标准）是强制性的。

由于核安全领域的法律、国务院条例和核安全部门规章通常给出的仅仅是原则性要求。因此根据国际实践，国家核安全局制定了一些与核安全技术要求的行政管理规定相对应的支持性文件——核安全导则，其层次低于部门规章。核安全导则推荐为执行核安全技术要求性质管理规定应采取的方法和程序，在执行中可采用该方法和程序，也可采用等效的替代方法和程序。但由于论证同等安全水平的困难，在实践中通常把安全导则也视为要求强制执行的。与水资源安全关系密切，且操作性强的技术标准一般都属于这个层次。

核安全部门规章按照设施及专业领域分为 12 个系列，分别是：①通用系列；②核动力厂系列；③研究堆系列；④非堆核燃料循环设施系列；⑤放射性

废物管理系列；⑥核材料管制系列；⑦民用核安全设备监督管理系列；⑧放射性物质运输管理系列；⑨同位素和射线装置监督管理系列；⑩电磁辐射污染控制系列；⑪环境辐射监测系列；⑫铀（钍）矿和伴生放射性矿开发利用管理系列。这 12 个领域中，与核电站及水资源安全关系比较密切的有通用系列、核动力厂系列和放射性废物管理系列。

我国正处于法律化建设的初期，在核安全领域缺乏灵活和有效的立法机制，核安全法律法规的编写和修订手续繁杂，费时费力，特别是在牵涉其他部门的时候。同时，大量具体的技术问题也不可能都用法律法规来确定。因此，核安全管理文件在核安全监管实践中有十分重要的作用。

目前，有法律约束力的核安全管理文件主要分为指导性文件、规范性文件、工作文件和许可申请文件。指导性文件主要指在一段时间里对各方面行为有指导性作用的文件，如 2011 年日本福岛核事故后，国务院发布的《核安全与放射性污染防治“十二五”规划及 2020 年远景目标》。规范性文件主要是由于立法过程过于缓慢，为了解决核安全中的重要问题所发布的一些文件；也有的部门以规范性文件代替法规。工作文件主要是国家核安全局针对核能与核技术利用单位提出的与许可证件有关的申请的答复或指导性文件；其法律效应只适用于具体的单位或活动。许可申请文件是核能与核技术利用单位提出的与许可证件有关的申请文件及其附件的综合；该文件一旦由国家核安全局批准，其内容就能成为核能与核技术利用单位向国家核安全局的承诺而发生法律效应。

应该指出的是，核安全导则不可能解决所有的技术问题，对于具体的核安全问题还需要大量的标准和技术文件做支持。核安全法规技术文件表明国家核安全局对具体技术或行政管理问题的见解，在应用中参照执行。同时，在核安全领域还会应用大量的国家标准、行业标准，也会应用大量的国际标准等。由于我国立法体制是部门立法，不同部门体系的标准规范中存在着大量重复内容，个别地方还有些冲突。因此，对于这些技术文件和规范标准的使用一定要有核安全法律法规、规范性文件或工作文件的严格授权。

3.2 核电选址阶段相关的技术标准

国家核安全局于 1991 年发布的《核电厂厂址选择安全规定》（HAF101）提出了核电站在厂址选择中在核安全方面应遵循的准则和程序。该规定的宗旨是评价那些与厂址有关的而且必须考虑的因素，以保证核电站在整个寿期内与厂址的综合影响不致构成不能接受的风险。为保证对规定的理解和实施，国家核安全局于同期发布了 12 个相关导则，具体见表 3.1。

表 3.1 国家核安全局发布的核安全相关导则

序号	名 称
1	《核电厂厂址选择中的地震问题》(HAD101/01)
2	《核电厂厂址选择的大气弥散问题》(HAD101/02)
3	《核电厂厂址选择及评价的人口分布问题》(HAD101/03)
4	《核电厂厂址选择的外部人为事件》(HAD101/04)
5	《核电厂厂址选择中的放射性物质水力弥散问题》(HAD101/05)
6	《核电厂厂址选择与水文地质的关系》(HAD101/06)
7	《核电厂厂址查勘》(HAD101/07)
8	《滨河核电厂厂址设计基准洪水的确定》(HAD101/08)
9	《滨海核电厂厂址设计基准洪水的确定》(HAD101/09)
10	《核电厂厂址选择的极端气象事件》(HAD101/10)
11	《核电厂设计基准热带气旋》(HAD101/11)
12	《核电厂的地基安全问题》(HAD101/12)

随着各国在核设施厂址安全评价方面的实践和经验反馈，国际原子能机构(IAEA)于2003年12月8日发布了*Site Evaluation for Nuclear Installations*(NS—R—3)，同时将先前的12个导则进行了修编并归纳为6个导则。国家核安全局以NS—R—3安全要求为蓝本，于2006年5月完成了《核设施厂址评价安全规定》修订版本。虽然至今该规定还未发布，但其内容已公布在网上并在核电站的厂址安全评价中被广泛使用或参考，也列入本节讨论的范围。此外，《核动力厂环境辐射防护规定》(GB 6249—2011)中也对核电站的厂址作出了规定。

3.2.1 标准概述

本节主要讨论核电站选址过程中的总体要求。《核电厂厂址选择安全规定》(HAF101)规定核电站选址的主要目的，是保护公众和环境免受放射性事故释放所引起的过量辐射影响，同时对于核电站正常的放射性物质释放也应加以考虑。在评价一个厂址是否适于建造核电站时，必须考虑以下几方面的因素：①在某个特定厂址所在区域可能发生的外部自然事件或人为事件对核电站的影响；②可能影响所释放的放射性物质向人体转移的厂址特征及其环境特征；③与实施应急措施的可能性及评价个人和群体风险所需要的有关外围地带的人口密度、分布及其他特征。经分析，与水资源安全关系密切的外部自然事件分为三类：一为洪水、海啸等；二为影响放射性核素迁移的因素，如受纳水体的稀释、弥散能力等；三为厂址区域水资源的利用情况。选址的总准则用于：①选择若干推荐厂址，并评价它们是否适合于核电站的建造和运行；②确定与厂址有关的安全要求；③针对某个特定核电站的厂址，评价其可接受性。

根据该条例及其附件的要求，核电站厂址选择应调查研究地区电网结构、电力负荷、厂址条件（地形地貌、地震地质、土工、水文气象、交通运输、大气弥散和水体弥散），厂址环境（人口分布、工业生产情况及人为外部事件），提出的工程建设设想（建设用地、供水、大件运输、电力出线、占地拆迁、防洪排涝、对外协作和施工条件），并对厂址技术经济条件进行比较，按相对优劣进行排列。

2011年发布的《核动力厂环境辐射防护规定》（GB 6249—2011）中从辐射防护的角度出发，规定核电站选址过程必须考虑厂址所在区域的城市和工业发展总体规划、土地利用的总体规划、水域环境功能区划之间的相容性，尤其应避开饮用水水源保护区、自然保护区、风景名胜区等环境敏感区。这个规定为水利部门出台相应的管理细则提供了依据。

3.2.2 核电站选址中外部事件设计基准标准

日本福岛事故发生的主要原因是地震所引发的海啸超过了核电站的防护能力。由此可见，为了保证核电站能够安全地应对外部事件的冲击，在选址过程中确定适当的设计基准尤其重要。若设计基准比较宽松，则不利于保障核电站的安全；若定得过于苛刻，会大大增加核电站的建设成本，浪费了国家资源。本节主要讨论核电站选址中与水资源安全有关的外部事件，主要是极端气象以及洪水（海啸）的防护问题。

3.2.2.1 气象问题

气象问题对核安全至关重要，主要内容在核电站选址核安全导则《核电厂厂址选择的极端气象事件》（HAD101/10）以及《核电厂设计基准热带气旋》（HAD101/11）中予以规定。核电站设计需要有关气象参数的设计基准，同时在评价滑坡、泥石流、崩塌，确定设计基准洪水和评价核电站释放出的放射性核素在大气中弥散等时也需要气象资料。

气象危险性评价要求必须对气象变量的极端值（极端气象现象）和罕见气象现象（极端气象事件）进行调查。气象变量的极限值包括：风、降水、积雪、温度和海平面。罕见气象现象包括龙卷风、热带气旋和闪电等。调查区域的大小、收集资料的类型以及调查的范围与详细程度应根据厂址所在区域气象和地理环境的特性和复杂性来确定。

对于极端降水，常规收集用于极端降水分析的数据一般包括24小时最大降水深度。可通过观测记录的标准的统计分析进行降水危险性的评价，并以其在基准时间间隔内被超越的概率为特征；这些概率和基准时间间隔必须适用于核电站设计的目的。作为降水的危险度指标，核电站寿期内的 24 小时期望极端值及其置信区间必须确定。此外，为了评价核电站及其周围地区局地的影响，应使用较短的平均时段。

在设计构筑物屋顶时，要使用定长度的“预计极端降水”。此长度一般不小于 50 年。关于其他项目的设计，如排水系统，要对“低概率极端降水量”进行计算。根据降水量与安全的关系，选择与极端降水量相应的概率等级和相应的参照时间间隔。

热带气旋对核电站的影响主要表现在热带气旋引起的极端风和极端降水的设计值。从设计角度看，最关心的可能是最大热带气旋（PMTC）。PMTC 是一个假设的、具有气象参数值组合的稳态热带气旋，所选择的参数用于给出在指定的沿海地区可合理发生的最高持续风速。通过这些气象参数值，假设 PMTC 沿着最不利的轨迹，计算沿海某处的最大增水和减水。

3.2.2.2 滨海和滨河核电站厂址的洪水灾害

核电站厂址洪水灾害相关内容在核电站选址核安全导则《滨河核电厂厂址设计基准洪水的确定》（HAD101/08）以及《滨海核电厂厂址设计基准洪水的确定》（HAD101/09）中予以规定。洪涝灾害是我国自然灾害中损失严重的灾害之一。洪水可分为风暴潮洪水、河流洪水、湖泊洪水等。我国海岸线长度 18000km 以上，按 1996—2006 年的统计结果，大陆平均每年遭受风暴潮洪水影响 3～4 次。我国受暴雨洪水威胁的区域面积有 73.8 万 km^2，分布在长江、黄河、淮河、海河、珠江、松花江、辽河等 7 大江河下游和东南沿海地区。由于核电站运行需要大量的冷却水，所以厂址都濒临大海和江河，核电站的防洪问题就成为需要重点考虑的安全问题之一。

洪水是与频发事件或稀有事件相关联的。灾害评价中收集资料和采用方法的程序很大程度上取决于洪水的本质。设计基准洪水是从厂址处的洪水灾害中推导出来的，这是从厂址处所有可能洪水事件的分析中推导出来的一个概率结果。在某些情况下，设计基准洪水是通过确定论方法得出的，它并没有一个对应的概率值。在这些情况下，应进行概率评价。设计基准洪水是核电站可能遭受的最大洪水的一组参数，例如，这组参数可能与最高水位、对防护的最大动态影响或水位的最大增长率相关联。

滨海厂址（海、湖和半封闭水体）洪水灾害应考虑的洪水类型（当适合时）一般有以下几种：

1）可能最大风暴潮引起的洪水。

2）可能最大海啸引起的洪水。

3）可能最大假潮引起的洪水。

4）风浪作用引起的洪水，可以单独考虑或者与上述洪水组合在一起考虑。

对上述情况都要考虑一个偏于保守的高的基准水位。

风暴潮是指在浅水区由于风应力和底部摩擦力连同强风暴出现时的大气压力降低而造成的水体的涌高。风暴潮伴随强风暴而发生。可能最大风暴潮是指由可能最大热带气旋或可能最大温带气旋引起的假想风暴潮。

海啸是指由地球物理现象（如海底地震、火山爆发、海底沉陷、滑坡或冰块滑入水体等）导致的对水体的冲击扰动所产生的一种波列，它不是由气象原因引起的。可能最大海啸是指从洪水淹没观点来看，能在厂址合理发生的并且具有最严重的特征组合而引起的假想海啸。

滨河厂址洪水灾害应考虑的洪水事件类型主要有以下几种：

1）由于厂区外降雨引起的洪水。

2）由于融雪导致的洪水、季节性洪水或火山活动导致的洪水。

3）由于地震、水文因素或运行失误所引起的人工或天然挡水构筑物的破坏导致的洪水，把它作为可能最大溃坝事件。

4）由于滑坡、冰凌、漂木、碎石或火山活动等导致的河道上游或下游的阻塞。

5）由火山活动、山体滑坡或雪崩落入水域或水龙卷造成的大波而引起的洪水。

6）天然渠道改变而引起的洪水。

7）大的河流或河口地区由风浪引起的洪水。

8）由地震导致的地下水位上升引起的洪水。

为了确定滨海核电站的设计基准洪水，首先需要对滨海核电站洪水资料进行收集，分为初步调查、资料收集和厂址确认（详细资料）两个步骤。初步调查包括区域系统调查和厂址的具体调查：区域系统调查包括沿岸洪水、海岸线稳定性和冰的影响等；厂址的具体调查包括区域气象、极端现象（风暴潮、海啸）、波浪作用、基准水位、天文潮、海岸稳定性等。如果厂址位于受海啸影响的区域，就应收集海啸的资料。即使历史上没有记录到从当地和远地产生的海啸波，也应对近海地震或火山活动存在的可能性以及厂址对发源于当地和远地海啸影响的薄弱点进行调查。对厂址所在区域内的一个特定验潮站的所有潮位图进行评价，以便确定是否有明显的海啸活动。海啸到达时间和扣除潮汐后的最大海啸波从波谷至波峰的高度都可以从记录中获得。

在厂址确定后，应设立厂址检测系统；应对所收集的资料采用比例适当的地图、图及表加以整理。详细调查、收集资料的范围一般包括：水文资料，与该区域有关的海洋、水文和地形资料，厂址地区的详细地形图和沿海地区以及从海岸线延伸到足够水深处（通常 30～50m）的详细测深图（从海岸线到大约

6m水深处，其等深线间距约为1m，而从6m水深到30～50m水深，其等深线间距大约为3m），为测深图的勘察所建立的基准水位点，厂址附近水体的假潮水面振荡的历史资料、区域周边坡度的稳定性和地震激发假潮的可能性等。

对每一洪水事件或洪水事件的每一组合都应确定一个基准水位。基准水位是指保守估计的高或低的参考水位（分别用于洪水淹没或最低水位的评价），可适当考虑潮汐、河流流量、地表径流等组成，但是不包括由于风暴潮、海啸、假潮或风浪等所引起的水位增高或降低。为了确定基准水位应研究下列现象：

1）天文潮。

2）海平面异常。

3）由于河流流量所引起的水位变化。

4）预期的世界气候的重要改变而引起的未来水位的可能变化。

根据滨海核电站的厂址情况，下列各个洪水事件和基准水位要组合考虑：

1）严重事件（极端事件），诸如风暴潮、假潮或海啸。

2）与极端事件有关或无关的风浪。

3）基准水位，包括潮汐、海平面异常现象以及潮汐河流和封闭水体的水位变化。

滨海核电站厂址通常要考虑的洪水事件包括：可能最大风暴潮；可能最大假潮；可能最大海啸；严重风暴潮、严重假潮和严重海啸的组合。日本“3.11”地震海啸导致福岛核电站发生严重事故后，我国社会各界更加关注海啸对我国滨海核电站的影响，国家核安全局在对我国核设施进行核安全大检查时把海啸的影响作为一个重要的专项。

滨河核电站洪水资料的收集同样分为初步调查、资料收集和厂址确认（详细资料）两个步骤。在核电站厂址选择阶段必须对厂址是否存在被洪水淹没的可能性进行评价。如果情况表明厂址确实不会并洪水淹没，那就不必对洪水作进一步的分析。初步调查包括区域洪水调查、评价，河岸稳定性的调查、评价，冰的影响，其他潜在洪水成因（滑坡、雪崩、火山爆发和河流改道等历史资料）的调查、评价。区域洪水的调查、评价分两个部分：用近似方法进行河流洪水的区域分析和大面积的系统查勘；根据资料的可利用程度多采用近似方法来进行厂址评价。详细资料应包括有关洪水起因的资料（水位资料、气象资料和包括径流以外的其他资料）、区域特征资料（自然特征和人为影响特征）。

滨河核电站引起洪水的类型有：径流引起的洪水，天然或人工蓄水构筑物突然释放引起的洪水，地震引起的溃坝洪水，除水文和地震原因引起的溃坝造成的洪水。最常见类型的洪水是由流向厂址的降雨径流或融雪（融冰）径流及其组合所引起的。在一定时段内，当降落或融化的水量超过由于蒸发、散发、截留或渗透到土壤以及地表上低洼地的积水等所造成的损失时，就会产生径流。

当存在因降水而引起潜在的洪水时，应计算流量参数和有关变量（流量、水位、流速、河道稳定性、泥沙输移、冰况等），并把它们作为厂址处定义洪水灾害的基本变量。在研究径流洪水时还应考虑冰雪融化对区域洪水的最大贡献，并研究漂浮物、漂木和冰情对安全的影响。

天然或人工蓄水构筑物突然释放引起洪水的基本情况有以下几种：

1）厂址上游的大库容的天然或人工蓄水构筑物。

2）由于水文、地震及其他原因或水坝年久损坏造成的蓄水构筑物失效（可能最大溃坝）引起厂址地区的洪水的可能性。

3）水位原因引起的天然或人工构筑物失效，会导致水位升高和大坝漫顶的发生，而对于土石坝，漫顶会导致大坝失效。

4）由降雨引起的洪水和由于天然或人工蓄水构筑物失效引起的洪水，应考虑并估算它对厂址和厂址内构筑物的动力影响。

5）在厂址选择阶段，对厂址上游现有的或计划中的所有水坝都应考虑其可能的破坏或运行失误所造成的后果。

6）应考虑由于位于厂址下游支流上水坝的失效而增加厂址洪水灾害的可能。

7）如果无法证明厂址下游的水坝肯定会溃决，则不应考虑厂址处的洪水水位会因下游溃坝而下降。

对地震引起的溃坝洪水的基本考虑有：

1）地震或随之发生的诸如滑坡落入水库等事件可引起溃坝（上游或下游），从而导致洪水。

2）对于任何推荐厂址都应对位于其上游或下游的坝因地震而溃决、并可能在厂址引起洪水的可能后果进行分析和评价。

3）水坝的抗震分析应考虑动荷载，而详细的稳定性分析还需要水坝结构状态的正式文件。

4）对于每个水坝的抗震分析，应选择恰当的地震，特别是对坝体或滑坡处。

5）应考虑因同一次地震事件而导致两个或更多坝溃决的可能性。

推求滨河核电站的设计基准洪水时，既要考虑单一事件，也要考虑各种组合事件。结合现象的随机性和非线性的特点，需认真分析事件的组合，同时也应考虑与重要洪水起因事件或所选组合事件中每一个事件相关的外界条件。

核电站防洪设计的考虑，应包括以下内容：

1）保护厂区的构筑物（如大坝和防波堤）设计参数的评价。

2）厂区高于计算洪水水位以上的可能影响的评价。

3）抵御洪水侵蚀的最佳材料的选择。

4）对核电站最佳防洪布置的评价。

5）防护构筑物和电厂部件的可能相互影响的研究。

核电站对设计基准洪水设防可用下述方法来完成：

1）所有的安全重要构筑物都建在设计基准洪水的水位线上，并考虑风浪影响以及冰和碎石可能的堆积作用。

2）建造永久性的外部屏障，如防波堤、海堤和隔墙。在这种情况下，对这些屏障应慎重选用适当的设计基准，并进行定期检查、监测和维修。屏障本身应作为安全重要物项来考虑。

为了保护安全相关设施免遭水淹，核电站厂区应设置合适的排水系统。此外，核电站需设立与洪水防护有关的监测和预报系统。

3.2.3　厂址评价中的放射性流出物的弥散问题

核电站放射性物质流出物排放的自然受体是大气、水体（地表水和地下水）、地面土壤。因此，核电站对其所在区域产生影响的厂址特征包括放射性物质的大气弥散、地表水弥散、地下水弥散、人口分布、土地和水的利用、环境放射性本底。水体是从核电站正常排放或事故释放的放射性物质经过扩散进入环境和厂址区域水源地的主要途径。本节内容主要来源于核电站选址核安全导则《核电厂厂址选择中的放射性物质水力弥散问题》（HAD101/05）。

为了评价流出物在水中的输运和扩散行为，应在区域内开展详细的水体调查，并通过放射性核素弥散和浓度的计算证明放射性物质的正常排放和潜在事故释放对水体造成的放射性后果能否被接受。调查应提供与水体照射途径有关的剂量评价所需的资料，这些资料包括：

1）放射性物质排入环境的源项。

2）控制放射性物质输运、扩散和滞留的水文、物理、物理化学和生物特性。

3）与人类有关的食物链。

4）饮用、工业、农业和娱乐用水的位置和水量。

5）居民的饮食和其他有关习惯，包括特殊职业活动如使用渔具，以及娱乐活动如水上运动和钓鱼。

水体调查的目的在于确认厂址的适宜性，选择和确认适合于厂址的弥散模型，建立放射性物质向水体排放的限值，评价释放的辐射后果，以及辅助论证应急计划的可行性。

对于正常或事故排放进入水体的放射性源项，应评估放射性排放的特性和参数，包括：放射性特性、化学特性、排放的液态流出物的物理特性、连续排放的流量或间歇排放的体积和频率、排放期间的源项变化、排放的几何形态和力学特性。沉积于地面或地表水中的任何气载放射性物质可能通过渗透途径迁移到地下水中，应评定地下水取水点污染的可能性。

应建立水体监测大纲。应在核电站建造前启动地表水监测大纲，并且应在核电站的整个寿期内持续监测；在核电站开始建造前两年启动地下水监测大纲，应在核电站整个寿期内持续执行监测大纲。

放射性核素在地表水中的弥散模拟所需必要数据的来源如下：

1）从现在水文气象观测台网能够得到足够多的数据，但应在使用之前对这些数据进行核实。

2）先进模型的资料可直接从模型的参考书中得到。

3）核电站附近各种典型的水体包括河流、河口、敞岸湖泊、海洋和水库等。对位于不同类型水体的厂址，水文数据的收集是有差别的。

对位于不同类型水体的厂址均要收集的资料包括：悬浮物浓度、沉积物特性、可能被排放的各种放射性核素对沉积物和悬浮物的分配系数、天然和人工放射性源在水体和沉积物及水产品中的本底水平、与地下水的相互影响、主要鱼类的产卵期和索饵期。

有许多可用于计算正常排放和事故释放进入地表水的弥散模型。基本模型有如下三种：

1）先进模型。该模型将放射性核素弥散的基本方程式转换为有限差分或有限元的形式，在分析中考虑了大多数有关的物理现象。

2）箱型模型。该模型视整个水体或水体各部分由均质隔室组成。在这种模型中，计算每个箱体（隔室）的平均浓度，并建立有关变量从一个隔室迁移到相邻隔室的转移参数。

3）解析模型。该模型主要是对水体的几何形状和弥散系数作了重要的简化，是求解描述放射性核素输运的基本方程。

核电站厂址评价中最常用的标准计算模型是箱型模型和解析模型。

核电站排出的放射性物质可能通过土壤、大气或地表水直接或间接地污染该区域的地下水系统，主要有以下三种方式：

1）由核电站排放的放射性物质污染的地表水渗透到地下水中。

2）贮存罐或人工水池中的放射性液体渗透到地下水中。

3）核电站直接释放。核电站事故可能导致放射性物质渗透到地下水系统中。

对地下水的水文地质特性评价应确定以下内容：

1）在人类抽取地下水作为生活用水的区域内，最近取水点的地下水中放射性物质的估算浓度。

2）放射性物质从释放点到取水点的迁移路径和迁移时间。

3）地表水流、壤中流和地下水补给的输运能力。

4）不同水平下，含水层受污染的敏感度。

5）核电站事故排放的放射性物质在地下水中浓度的时空分布。

核电站厂址评价中的水位地质调查包括对厂址区域和厂址的调查，调查方法包括采用地面地球物理勘查方法以及示踪研究等。为确定水文地质系统和主流路径，应收集厂址区域和厂址的资料，主要包括以下几项内容：

1）气候资料。

2）放射性核素的初始浓度。

3）主要的水文地质单元及其水力参数，以及地下水的年代或平均交替时间。

4）补给和排泄的关系。

5）地表水文数据。

对于放射性核素在地下水中的弥散和滞留，美国、法国、日本等国家已经开发了很多用于计算释放到地下水中的放射性核素的弥散和滞留模型。通常，标准计算模型就能满足要求，多数情况下应予采用标准计算模型。在使用这些计算模型时应特别关注以下几点：

1）所选模型的复杂程度应能反映特定厂址的水文地质特性。

2）为评价假想事故放射性物质释放对地下水的影响，应采用保守的和假设数据进行简化评价。

3）地下水的运动和放射性核素的输运方向通常与地下水水位的等高线近似垂直。在这种情况，可应用较简单的分析方法；但像基岩中断裂带中的地下水存在很强的各向异性，计算模型大多不能用，需开展包括野外示踪实验的研究。

4）放射性核素在地下水中迁移的解析模型有许多不确定性，应对每次特定应用所采用的模型进行验证。

5）地表水和地下水监测大纲中形成的文件应遵循质量保证的有关要求。

核电站运行可能影响区域内的人群以及厂址和区域的环境。土地利用和水利用，作为厂址环境评价的一部分应予以调查。在论证应急响应计划可行性时应考虑区域土地和水的利用情况。水利用情况的调查包括以下内容：

1）商业、个人和休闲捕捞的水体，包括捕捞的水生生物物种及其密度和产量等详细资料。

2）商业用水，包括航运、居民用水供给、灌溉和娱乐（如游泳和划船）。

3）野生生物和家养禽畜的水利用情况。

以上罗列的是为了评价受纳水体稀释能力所需要收集的资料、采取的方法等。此外，在《核电厂放射性液态流出物排放技术要求》（GB 14587—2011）中规定核电站厂址受纳水体的稀释能力应满足冷却水或冷却塔排污水的放射性液态流出物排放的环境要求，并作为核电站厂址比选的一项主要指标。

3.2.4 厂址选择与水文地质

本节内容主要来源于核电站选址核安全导则《核电厂厂址选择与水文地质的关系》（HAD101/06）。

事故释放的放射性物质进入地下可能直接污染地下水。地下水也能够间接地受事故释放到大气层中或地表水中的放射性物质的污染，通过这两种途径，放射性物质都能够进入地下水。在任何一种情况下，这种受污染的水都可能流到取水点，从而导致公众受到辐射照射之害。

放射性核素在地下的运动，是受主流地下水运动（输运）、污染峰的传播（水力弥散）及固相中放射性核素的滞留和释放（相间分布）控制的。

在任何一种对核电站放射性物质释放进入地下水后果的评价中，以下两点是最重要的：在该区域最近的一个取水点的放射性物质的浓度和放射性物质到达该点所需时间。这些变量的值可以用描述地下水中放射性物质行为的物理或数学模型估算出来。

评价一个厂址的水文地质特征的总要求是：必须仔细研究所有有关参数，使之能估算出用水点上放射性物质的释放后果，如果假想事故释放具有不能接受的放射后果的可能性，而对这种后果又不能找到适当的工程解决办法，则必须认为这个厂址是不适宜的。该导则还对如下几个方面提出建议：

1）在核电站厂址选择的不同阶段，进行有关事故释放的放射性物质通过地下水运动的各方面的数据资料收集和调查。

2）用于放射性物质的水力弥散和双相分布的适当的数学模型或物理模型的选择。

3）适当的监测大纲。

厂址的水文地质特征，主要是由水文地质系统中水文地质单一的水力特征及其弥散和滞留特性来表征的。从水文地质观点看，对厂址的可接收性在总体上不存在精确的定量标准。可接受性和不可接受性在极端情况下通常是分明的。但是介于两者之间的中间情况就可能不太分明，从而需根据导则描述的方法，对不同情况逐一进行评价，应该考虑的几个方面如下：

1）源项（释放物的结构、几何形状和其他特征）。

2）最近的地下水取水位置。

3）地下水排至地表水体的主要排泄点。

4）区域和当地的潜水面深度。

5）为确定地下水可能到达环境的途径和行进时间所需的水流方向和水力梯度。

6）厂址到主要的区域蓄水层及其补给区的最近距离。

7）能够影响厂址的涉及地下水的人为活动。

有关水文地质的许多厂址特征都可能受核电站的实际建造和安装的影响，对每一个这样的变化的可能后果都应该进行评价。在含有放射性的地表水可能污染地下水的情况下，应该对位于有关地表水体和地下水取水点之间的地区中的水文地质系统进行研究。

3.2.5　小结

如核电站这样一个对周围环境具有重大影响的设施，其适当的选址至关重要。本节主要整理、罗列了目前我国核电选址中，与水资源安全关系比较密切的国家标准及实施导则。这些内容可分为洪水、极端气象等设计基准的确定，受纳水体弥散条件的评估以及水文地质条件的评价。

确定设计基准首先要进行相应的资料收集，利用确定性分析法或者概率分析法确定各种事件的极限值，以此作为依据确定核电站所采用的设计基准。在考虑单一事件的同时，也要考虑各种组合事件，结合现象的随机性和非线性等特点进行分析。根据《核电厂厂址选择安全规定》（HAF101），对厂址全面评价后，如果证明所推荐的措施不能对设计基准外部事件所带来的破坏提供充分的保护，则必须认为在该厂址上不适合于建造所推荐的核电站。

对于受纳水体弥散条件的评估，则根据核电站正常或事故的排放源项，选择适当的弥散模型，计算不同类型水体厂址在运行或事故时对关系人群的剂量贡献。随着核电布局向内陆地区扩展，受纳水体的弥散能力受到人们的重视，已经成为核电站厂址比选的一项主要指标。

对于水文地质条件的评价，最重要的放射性物质释放进入地下水后，在该区域最近的一个取水点的放射性物质的浓度和放射性物质到达该点所需时间。如果假想事故释放具有不能接受的放射后果的可能性，而对这种后果又不能找到适当的工程解决办法，则必须认为这个厂址是不适宜的。

此外，核电站周围区域水的利用情况也是环境影响评价及制定核事故应急计划的依据之一。

3.3　核电站建造阶段相关技术标准

核电站建造阶段包括核电站的部件制造、组装、土建施工、部件和设备的安装及有关联的试验在内的过程。有关核电站建造阶段的标准为《核电厂建造期间中的质量保证》（HAD003/07），1987 年 4 月 17 日由国家核安全局批准发布。

要确保核设施系统和设备（即物项）以及服务的高质量，从而保证核设施的安全，就必须从选址到退役全过程采取一整套严格的质量管理措施。只有良好的质量管理措施才能确保获得良好的质量。这一整套严格的质量管理措施就是质量保证。IAEA 制定和推荐了专门适用于核设施的质量保证标准。世界各国也都针对核工业的特殊要求制定了相应的质量保证标准。我国参照 IAEA 推荐的《质量保证标准》，吸取发达国家的经验并结合国情制定了相应的规定，即《核电厂质量保证安全规定》（HAF003，以下简称为《质保规定》）。

《质保规定》是《民用核设施安全监督管理条例》中选址、设计、运行、质保四个规定之一。此法规提出了核电站的质量保证必须满足的基本要求，即为确保核电站的物项和服务的质量而必须采取的一整套质量管理措施。此规定是国务院授权国家核安全局发布的要强制执行的法规，所以，核设施营运单位（包括监理单位）和各承（分）包单位都必须遵照执行。

《质保规定》共 13 章，包括引言和 12 个方面的质量管理措施，其中第 8 章“工艺过程控制”规定了对工艺过程控制方面的基本要求。工艺过程包含了核电站的设计、制造、建造、试验、调试和运行等过程。《质保规定》下设 10 个推荐性的导则，对《质保规定》的基本要求分别作了进一步阐述（说明和补充），为编制质量保证大纲和相应的质量保证大纲程序提供指导。《核电厂建造期间中的质量保证》（HAD003/07）即为《质保规定》的导则之一。

《核电站建造期间中的质量保证》的主要内容为：建造（包括土建和安装）期间有特点的质量活动，如场地管理，材料与设备的接收、贮存、装卸、清洗、涂层；土壤、地基、混凝土和结构钢的安装、检查和试验；机械设备和系统的安装、检查和试验；检测仪表和电气设备的安装、检查和试验。

这些质量活动的控制措施，是对检查和试验结果的分析与评价的要求。

其中与水资源关系相对密切的内容为流体系统及有关部件的清洗。在整个建造过程中，必须编写清洗和清洁度要求的管理程序，并必须考虑下列方面：

1）确定要采用这些程序的系统和分系统。

2）工作实践、场地管理、出入管理及污染和重复污染的预防。

3）去除污染物的清洗程序的有效性。

4）与某一物项的材料相接触的清洗溶液的腐蚀性（特别是在不同金属的情况下）。

5）所使用清洗液和缓蚀剂的化学成分、浓度及温度限值。

6）确定禁用的材料。

7）在清洗作业期间，溶液和金属温度、溶液浓度、速度和接触时间。

8）在清洗作业期间，用于监测清洗液浓度和温度的方法。

9）注入、排放、流体循环、排空和冲洗的作业次序和方法。

10）设备隔离、临时管道和阀门的位置、滤网和临时设备的位置。

11）规定在清洗作业期间应当禁止的施工作业。

12）对使用和贮存具有潜在危险材料的限制。

13）漂洗、中和的方法和漂洗次数。

14）清洁度的检验方法。

15）设备使用前的干燥和防腐方法。

16）对已安装的、且不在清洗范围内的设备的保护方法。

17）处置清洗液的方法。

18）保持清洁度的方法。

总体来说，核电站的建造过程并不涉及放射性物质，与一般的工程项目类似，主要的用水途径为建设时的生活用水及清洗用水，其取排水对水资源的影响与核电站的运行不可同日而语。现行核电站的建设标准中与水资源安全关系密切的较少，在适当选址、合理设计的情况下，只要能够保证核电站的建造质量，做好整个流程的质保工作，就能保障核电站的安全。

3.4 核电站运行阶段相关技术标准

3.4.1 核电站流出物排放管理现状

核电运行阶段与水资源安全关系最密切的技术标准是与液态流出物排放相关的标准。根据IAEA于2003年出版的《放射性废物管理术语》（*Radioactive Waste Management Glossary*），流出物是指由实践中的某个源，得到授权、有计划、有控制地释放到环境中的气体或液体放射性物质，通常目的是得到稀释和弥散。

核与辐射设施的流出物特指经气体及液体途径向环境排放的低水平放射性废物。中、高水平放射性废气或废液禁止向环境排放。对于固体放射性废物，处置的方式是将其放置在处置场或处置库中，使之与人类的生活环境隔离。而流出物的处置方式则是有控制地将其排放到人类的生活环境中。流出物这种排放方式本身就是对放射性废物的一种处置。因此，对于流出物的管理和控制既要遵循放射性废物管理的基本原则，又要执行放射性废物处置的相关要求。对一个特定的核与辐射设施在运行期间对环境产生的辐射影响，其源项就是流出物。如果流出物得到了有效的控制，排入环境的放射性物质就可以得到限制。

国务院核安全监管部门负责核安全与辐射安全的监管工作。对于流出物排放的监督管理属于辐射安全管理范畴，要按辐射安全管理的要求进行管理。根据辐射安全管理的要求，对于“排除”的项目不管（管不了），对于可“豁免”的项目按照程序予以豁免（不必管），只对应当管理的项目集中力量管好。流出物排放属于辐射安全管理中应该管理的范畴。

流出物排放是一种处置方式，且流出物排放出去就很难回取。因此，对于流出物排放的管理必须充分考虑环境特点，对于不同的环境容量，应该执行有区别的管理要求。

流出物确实是一种气体或液体放射性废物，但是不能将气体或液体放射性废物与流出物等同。对气体或液体放射性废物的安全管理包括净化、整备等许多措施，而对流出物的安全管理主要是排放控制。因此，对流出物的管理不能完全等同于气、液放射性废物的安全管理。

流出物的排放是不希望做但又是不得不做的事情。现在，要想使核与辐射设施达到零排放是不可能的，目前可能做的是使核与辐射设施流出物排放量在合理可行的范围内尽量低。

在放射性流出物的安全管理中，很容易忽略非放污染物的影响。IAEA注意到了这一现象，并对放射性废物安全管理的基本原则作了补充：要考虑排放污染物的影响。流出物中的污染物首先是放射性物质。关于流出物对环境带来的影响，因流出物来自核电站，人们自然首先关注放射性问题。除了放射性物质外，核电站也会向环境排放一些化学物质，如冷却水中的氯化物等。在评价核设施的环境影响时，对此亦应进行评价。核材料裂变产生的能量仅有约三分之一转变为电能，其余的以热能形式排出，其中大部分余热经冷却水排入受纳水体，使受纳水体温度上升。对于这类情况，由于流出物导致的受纳水体温度升高，需要从生态影响考虑，依据相关法律、标准进行评价。

3.4.2 我国现行核电站液态流出物排放规定

核电站靠核裂变释放的能量发电，使用少量的核燃料就可以得到巨大的电能，但同时会产生大量放射性物质，百万千瓦级的反应堆放射性物质的盘存量可达 10^{20} Bq。尽管 99%以上的放射性物质被包容在反应堆内，但由于产生的放射性物质总量巨大，在正常运行期间经流出物向环境排放的放射性物质仍是不可忽略的。不论是从流出物排放控制，还是从环境监测考虑，对流出物的排放方式、排放数量，以及受纳流出物的环境状况和容量都应予以关注。表 3.2 给出了各种反应堆的液态放射性核素归一化释放量（为便于比较，不同类似反应堆的排放，均划归到对应于每年 10^9 W 的排放）。

表 3.2　各种反应堆的液态放射性核素归一化释放量

释放类别	年度	归一化释放量/[(TBq/(GW·a)]						
		压水堆	沸水堆	气冷堆	重水堆	石墨堆	快堆	总和[a]
液态氚	1970—1974	11	3.9	9.9	180	11[b]	2.9[b]	19
	1975—1979	28	1.4	25	350	11[b]	2.9[b]	42
	1980—1984	27	2.1	96	290	11[b]	2.9[b]	38
	1985—1989	25	0.78	120	380	11[b]	0.4	41
	1990—1994	22	0.94	220	490	11[b]	1.8	48
	1995—1997	19	0.87	280	340	11[b]	1.7	38
其他液态核素	1970—1974	0.2[b]	2.0	5.5	0.6	0.2[b]	0.2[b]	2.1
	1975—1979	0.18	0.29	4.8	0.47	0.18[b]	0.18[b]	0.7
	1980—1984	0.13	0.12	4.5	0.026	0.13[b]	0.13[b]	0.38
	1985—1989	0.056	0.036	1.2	0.03	0.045[b]	0.004	0.095
	1990—1994	0.019	0.043	0.51	0.13	0.005	0.049	0.047
	1995—1997	0.008	0.011	0.7	0.044	0.006	0.023	0.04

a　不同反应堆发电量的比例加权。

b　估计值。

流出物排放对周围公众所产生的辐射照射评价使用的基本量是年有效剂量。年有效剂量是表征辐射安全的量。但在实际工作中剂量值难以度量，不利于执行。于是，通过对流出物从排放口排出后在环境中传输、弥散，经食物链到人等照射途径的分析，辅以保守的假定推定出一组排放量限值，保证在各种不利因素下，满足这组排放限值就一定可以保证不超出国家规定的剂量标准。这组年排放量数值就可以作为流出物排放控制的次级标准，并称为年排放量限值。

年排放量限值既是与源相关的量，又是与环境条件相联系的量。对于同样的剂量约束，不同的环境条件可以得出不同的年排放量限值。因此，对不同的核电站，尤其是沿海和内陆核电站，理论上应有不同的年排放量限值。不过在日常管理中难以做到对每个核电站都针对其特定环境条件确定出年排放量限值，现实的做法是对几类核设施依据其实际可能的排放情况，在对生产和环境保护权衡后确定某一数值，最后由审管部门认可。对于某些特殊的核设施，采取具体问题具体分析的办法确定。

年排放量限值实际上就是一年内排放总量的控制。对于核电站的年排放量限值国家做出了明确的规定。国家环保总局在 1986 年颁布的《核电厂环境辐射防护规定》(GB 6249—86) 对年排放量限值做出了规定，2011 年修订后更名为《核动力厂环境辐射防护规定》(GB 6249—2011)，其中与液态放射性物质排放的规定为：核电站向环境释放的放射性物质对公众中任何人造成的有效剂量，每年必须小于 0.25mSv 的剂量约束值。核动力厂营运单位应根据经审管部门批准的剂量约束值，制定液态放射性流出物的剂量管理目标值。同时核电站必须按每座反应堆实施放射性流出物年排放总量的控制，对于 3000MW 热功率的反应堆，其控制值见表 3.3。对于同一堆型的多堆厂址，所有机组的年总排放量应控制在规定值的 4 倍以内。对于不同堆型的多堆厂址，所有机组的年总排放量控制值则由审管部门批准。

表 3.3　液态放射性流出物控制值

项目	轻水堆/(Bq/a)	重水堆/(Bq/a)
^{3}H	7.5×10^{13}	3.5×10^{14}
^{14}C	1.5×10^{11}	2×10^{11}
其余核素	5.0×10^{10}	2×10^{11}（除 ^{3}H 外）

最优化是辐射防护体系的重要组成部分。它的基本含义是：首先要满足剂量标准，遵守年排放量限值，执行总量控制要求等使公众得到保护。但是，这还不够，如果在花费或代价不大仍可使流出物排放量减少的话，应努力使流出物排放量减少。最优化政策的提出，除了科学内涵，还有伦理学上的意义，即核与辐射设施的受益者是业主，设施周围公众受到的辐射照射尽管低于国家标准，是安全的，但无论如何不是公众情愿的。因此，从伦理学上考虑，能降低排放量就设法降低才符合情理。

对于核电站等核设施流出物的排放，除遵守上述的剂量控制、排放量控制、最优化等原则之外，还应遵循可核查性原则。可核查性包括对流出物经液体、气体途径排放时有监测；监测数据要详细记录；审管部门可监控及验证排放情况；对以往的排放资料，可以追溯复查等。

《核动力厂环境辐射防护规定》（GB 6249—2011）对滨海厂址和内陆厂址的排放方式进行了具体的规定，即要求核动力厂的年排放总量应按季度和月控制，每个季度的排放总量不应超过所批准的年排放总量的二分之一，每个月的排放总量不应超过所批准的年排放总量的五分之一。若超过，则必须迅速查明原因，采取有效措施。核动力厂液态放射性流出物必须采用槽式排放方式；液态放射性流出物排放应实施放射性浓度控制，且浓度控制值应根据最佳可行技术，结合厂址条件和运行经验反馈进行优化，并报审管部门批准。对于滨海厂址，槽式排放出口处的放射性流出物中除 ^{3}H 和 ^{14}C 外，其他放射性核素浓度不应超过 1000Bq/L；对于内陆厂址，槽式排放出口处的放射性流出物中除 ^{3}H 和 ^{14}C 外，其他放射性核素浓度不应超过 100Bq/L。如果排放浓度超过上述规定，营运单位在排放前必须得到审管部门的批准。对于内陆厂址，营运单位应对液态流出物排放实施有效控制，以保证排放口下游 1km 处受纳水体中总 β 放射性（^{3}H 和 ^{14}C 除外）不超过 1Bq/L，^{3}H 浓度不超过 100Bq/L。

核电站需要在首次装料前向生态环境部提出申请年排放量值。原则上讲，申报的数值不能大于历次环境影响报告书给出的排放源项。审管部门经技术审批认为满足相关要求后发文正式批准。流出物排放审批程序见图 3.1。

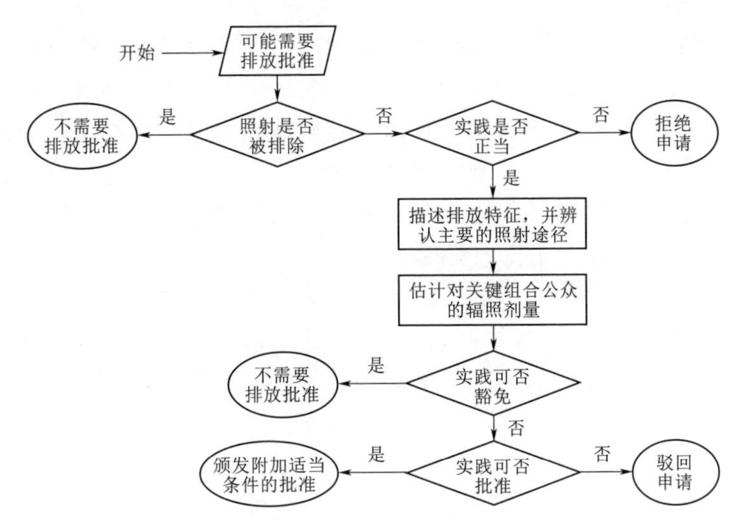

图 3.1 流出物排放审批程序

对于可能有较大量的流出物排放的设施，为防止过度排放引起环境污染，必须建有足够处理能力的净化设施及设备，并要求液态流出物经过处理满足排放条件后再排放。

对于液态流出物，《核电厂放射性液态流出物排放技术要求》（GB 14587—2011）规定，排放口的选取应避开集中取水口、经济鱼类产卵场、洄游路线和水生生物养殖场。此外，液态流出物排放口应选在对流出物扩散条件好的水域。总排放口设计时，应有多种核电站冷却水取水口和总排放口的具体位置和型式的多种设计方案，经数值模拟计算并充分考虑环境影响因素后，从中确定优选方案，经水工模型试验加以验证后审批确定；确定总排放口的位置时，应尽量避开受纳水体中悬浮沉积物较多的地方，以降低排放口附近放射性物质的沉积积累；总排放口应设有明显的警示标志；对于滨河、滨湖或滨水库厂址，总排放口下游 1km 范围内禁止设置取水口。

在流出物排放前必须进行监测，监测合格后才允许排放。对于一些敏感设施或敏感的环境，监测后再取得审管部门批准后方可排放。若监测发现不符合排放要求的，必须具备返回净化系统的能力，这就要求在流出物排放系统设计，特别是放射液体流出物排放系统的设计，要设计返回通道和接受容器，接受容器一方面容积要足够大，另一方面返回净化系统的通道要确保通畅。

槽式排放应具备以下几个要点：①在排放前流出物贮存在容器中；②贮存容器的容量足够大并应有备用容器；③在排放前对容器中的放射性核素进行取样分析，分析合格经批准后方可排放；④在排放中，对液体排放量要有计量设备；⑤监测不合格，应该可返回净化系统进行净化处理。

对于核设施，应制定详细的流出物监测计划，监测计划依据设施的不同而不尽一样；计划要依据设施的工业流程、排放的主要核素、排放方式、可能的排放量等有针对性地制定。监测设计的内容应包括监测或取样布点、监测或取样频率、取样量、监测仪器、预定测量时间、监测的质量控制、数据处理、报告编制等。流出物的监测计划除规定对放射性的监测之外，还需要测量流出物的化学成分，液体流出物的排放温度等。

核电站发生严重事故时，设法使堆芯冷却是控制事故不进一步恶化的必要条件，而欲使堆芯冷却又必须用大量的水。核电站发生严重事故处理产生数目可观的放射性废水则是必然的。核电站在设计时应该考虑并安排应对放射性废水外泄的管控及滞留措施，以期万一核电站发生严重事故时，能有效减少放射性废物的排放量。《核电厂放射性液态流出物排放技术要求》(GB 14587—2011)规定：为有效防止和控制核电站放射性液态流出物的异常排放，核电站设计时应设置只够容量的应急滞留贮槽，以保持对放射性废液的容纳和控制能力。对于每一个排放系统，应设置 2 个足够容量的贮存排放槽和至少一个备用贮存排放槽。特别是内陆核电站，这些储水构筑物就更为重要。

3.4.3 小结

核电站在运行阶段与水资源安全最为密切的环节为放射性废水的排放。我国现行与核安全有关的法律法规中，对于放射性废水的排放有比较详细的规定，操作性最强的两个文件分别是《核动力厂环境辐射防护规定》(GB 6249—2011)和《核电厂放射性液态流出物排放技术要求》(GB 14587—2011)。

核电站的液态流出物是一种比较特殊的放射性废物，在满足监管所规定条件的情况下，可直接进入环境。液态流出物的安全问题目前属于辐射安全范畴，由核安全机构及环保机构主导相应的监管，水利部的监管职责不够明确。此外，除了对放射性物质进行监管外，核电站排放的非放射性污染物同样需要得到管理部门的重视。

根据新制定的国家标准，我国对放射性液态流出物实行排放总量及排放活度的双重监管。依据环境辐射防护中所规定的剂量限值，以及核电站的排放特性，推导出核电站的单个反应堆的排放总量限值（分为^{3}H、^{14}C和其他核素）。对于多堆厂址来说，整个核电站区的排放总量不能超过单位排放限值的 4 倍。对于滨海厂址，放射性流出物中除^{3}H和^{14}C外其他放射性核素浓度不应超过

1000Bq/L。为了适应我国核电的发展，新标准中增加了对内陆厂址的具体要求：放射性流出物中除^{3}H和^{14}C外其他放射性核素浓度不应超过100Bq/L，排放口下游1km处受纳水体中总β放射性（^{3}H和^{14}C除外）不超过1Bq/L，^{3}H浓度不超过100Bq/L。

核电站放射性退水的排放方式也有具体的规定：核动力厂的年排放总量按季度和月控制，每个季度的排放总量不应超过所批准的年排放总量的二分之一，每个月的排放总量不应超过所批准的年排放总量的五分之一。核动力厂液态放射性流出物必须采用槽式排放方式。为了最大限度地保障环境安全，还需对浓度控制值进行优化。为有效防止和控制核电站放射性液态流出物的异常排放，核电站设计时应设置足够容量的应急滞留贮槽，以保持对放射性废液的容纳和控制能力。

关于核电站放射性废水排污口的设置，应避开集中取水口、经济鱼类产卵场、洄游路线和水生生物养殖场；应选在对流出物扩散条件好的水域，应尽量避开受纳水体中悬浮沉积物较多的地方，以降低排放口附近放射性物质的沉积积累；对于滨河、滨湖或滨水库厂址，总排放口下游1km范围内禁止设置取水口。

在核电站事故应急方面，目前的法规导则体系并没有与保障水资源安全密切相关的内容。

3.5 现行标准的合理性评价

核电站是一个对周围环境具有重大影响的设施，为了保护周围环境与公众的安全，国家制定建立了核安全法律法规体系，用于规范、指导、监督核电站的选址、运行、事故应急等过程。随着我国核电布局向内陆地区的扩展，核电站对于水资源安全的影响问题日益彰显。与一般的环境保护类似，对水资源安全的保护也可对核电站的选址、运行、事故应急过程进行规范，主要内容包括洪水、海啸等外部事件的设计基准、水力弥散条件、取排水的影响、放射性液态流出物的排放以及核事故应急。本章前述内容对我国现行的核安全法律体系中与水资源安全关系密切的条款进行了整理、总结，这里将对这些内容的合理性进行评价，并对目前尚不完善的内容提出建议。

3.5.1 选址标准的合理性评价

核电站的建造和运行起步于核电站厂址的选择，核电站厂址选择中的环境安全评价是核电站建造过程中的第一道重要安全保障。核电站厂址的水文特性可以从多个方面影响核电站的适宜性，包括厂址安全、建造投资、环境辐射影响等，具体包括洪水海啸等的设计基准、取排水的影响和水力弥散条件。在对核电站厂址进行比选时，也需分别从以上几个方面进行考虑，此外还需考虑滨海厂址与滨河/湖厂址在水文特征方面的差异。

国外在核电站选址方面也有类似的规定。以美国为例，其联邦法规 10 CFR（NRC Regulations Title 10，Code of Federal Regulations）法规适用于所有需要从美国核管会（NRC）取得使用核材料或操作核设施证照的个人和组织。对于厂址选择阶段需要考虑的水文因素，10 CFR PART 50 中给出的要求是：对于放射性物质的水力输送有重要意义的因素（如土壤、沉积物、岩层特性、滞纳和吸收系数、地下水流速、距最近的地表水体距离），需要通过厂址实地测量得到。对于地震引发的最大可能洪水，需要通过历史数据估算得到。NRC 的管理导则 4.7（NRC Regulatory Guide 4.7：General Site Suitability Criteria For Nuclear Power Stations，Revision 2，April 1998）对需要考虑的厂址因素作了总体要求，其中，对水文方面的要求是洪水、取水的可靠性和水质。NRC 对核电站厂址确认时，采用早期厂址许可（ESP，Early Site Permits）方式。在 ESP 阶段，通过对厂址特征的描述和对不同机型包络能力的论证，来证明在厂址建设核电站的适宜性。ESP 文件主要包括厂址安全评价报告、环境影响报告和应急计划等，其中要求给出的厂址水文特征参数包括厂址边界、厂址高度、最高地表水标高、可能的最大洪水高度、同步的风致浪高、风暴潮、联合不利条件下的最大洪水高度、强降水、湖冰厚度、最大积累日梯度、片冰和潜冰。

我国对于核电发展中的安全问题一直要求严格，在制定相关法规标准时借鉴了国外的先进经验并作了相应的改进。然而随着现阶段核电站厂址选择的广泛开展，并向内陆地区挺进，各种环境条件比较复杂的厂址经常出现，此时，需要根据国内外的相关法规和标准，以及国内核电站厂址选择的经验反馈，与时俱进地提高核电站选址标准的适用性及合理性。

2011 年发布的《核动力厂环境辐射防护规定》（GB 6249—2011）就利用了我国这些年来在核电站选址过程中的经验教训，对原先的标准（1986 年发布）进行了修订。在新标准中明确规定在选址过程中必须考虑城市或工业发展规划、水域环境功能区划之间的相容性，尤其应避开饮用水水源保护区、自然保护区等环境敏感区；应考虑环境保护和辐射安全因素，经比选，对候选厂址进行优化分析。这些新增加的条款适应了我国核电向内陆发展的形势，也为水资源管理部门约束核电站的选址、建设提供了依据。由此可见，目前我国现行的核电选址法规标准体系是比较先进合理的。

但需要指出的是，虽然目前的规定比较合理，但仍只是一些原则性的规定，缺乏相应的实施细则，还不能用于日常的管理。对于核电站选址与水域环境功能区划的相容性、饮用水水源地的保护等条文，应设置相应的参数指标进行界定，并应制定相应的评估体系，从而方便对候选厂址优化比选。

3.5.2　运行标准的合理性评价

3.5.2.1　核电站放射性流出物排放的多层次审管

在核电站运行标准中，与水资源安全关系最为密切的是放射性流出物排放标准。对于核电站放射性流出物的排放，我国参照 IAEA 的相关法规与导则，规定了多层次的审管要求。

如图 3.2 所示，第一层次是公众个人的剂量限值（也称基本标准）。国家标准《电离辐射防护与辐射源安全基本标准》（GB 18871—2002）中，采用国际电离辐射防护和辐射源安全基本安全标准（IAEA 安全丛书 115 号，1996 年版），将公众个人剂量限值规定为 1mSv/a。这个限值的基础是，在该限值下的终生照射将产生一个非常小的健康危险，大致等于来自天然辐射源（不含氡）的本底辐射水平。

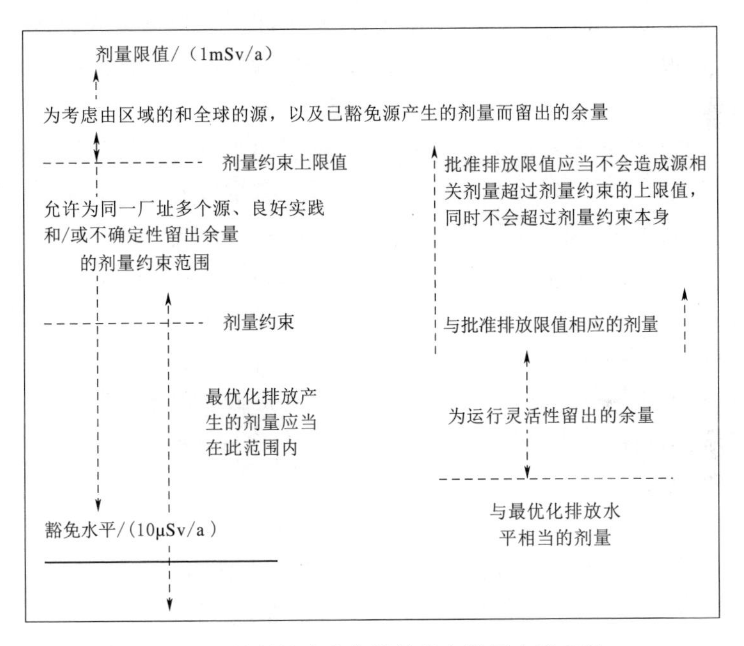

图 3.2　放射性流出物排放的审管层次示意图

图 3.2 中的第二层次是核电站的剂量约束上限值。在防护最优化方面设置上限值，是为了给其他的发展和辐射源的不确定性留有裕度。国家标准《核动力厂环境辐射防护规定》（GB 6249—2011），明确将 0.25mSv/a 的个人有效剂量作为核电站的剂量约束上限值。

图 3.2 中的第三层次是剂量约束值或排放量控制值，这个层次反映了辐射

防护最优化以及 ARALA（As Low as Reasonably Achievable，即“可合理达到的尽量低水平”）原则。在实际应用中，各国的做法有所不同，有的给出公众成员个人剂量值，例如，美国核管理委员会（NRC）在联邦法规 10CFR50 附录 I 中对于放射性液态流出物给出 ARALA 设计目标值为 0.03mSv/(堆·a)（或 3mrem/a）的全身剂量以及 0.10mSv/(堆·a)（或 10mrem/a）的最大器官剂量；也有给出排放总量控制值的，例如，法国对于不同类型的核电机组给出放射性气载和液态流出物的排放控制值。

考虑到排放总量控制有利于实际运行中监测实施，我国《核动力厂环境辐射防护规定》（GB 6249－2011）中对于一个 3000MWt 的反应堆给出了放射性流出物排放总量的控制值，一个核电站厂址的排放总量控制值是一个 3000MWt 反应堆排放总量控制值的 4 倍。

上述各审管层次，对于滨海核电站和内陆核电站的要求是相同的。需要指出的是，与世界平均本底辐射水平 2.4mSv/a（其中氡气造成的居民剂量约占 60%）以及我国 3.1mSv/a 的平均本底辐射水平相比，上述公众个人剂量限值、剂量约束上限值以及进一步制定的放射性流出物排放控制值是很严格的要求。

在《核动力厂环境辐射防护规定》（GB 6249—2011）中，对于核电站放射性液态流出物排放浓度的控制提出了进一步的要求，这些要求可以视为放射性流出物排放审管的第四层次要求：即对于滨海厂址，槽式排放出口处的放射性流出物中除氚和碳－14 外，其他放射性核素浓度不应超过 1000Bq/L；对于内陆厂址，槽式排放出口处的放射性流出物中除氚和碳－14 外，其他放射性核素浓度不应超过 100Bq/L。

对于内陆厂址，营运单位应对液态流出物排放实施有效控制，以保证排放口下游 1km 处受纳水体中总 β 放射性不超过 1Bq/L，氚浓度不超过 100Bq/L。如果浓度超过上述规定，营运单位在排放前必须得到审管部门的批准。

内陆厂址槽式排放出口处的放射性流出物中除氚和碳－14 外，其他放射性核素浓度不应超过 100Bq/L，这是衡量电厂放射性废液处理以及流出物排放控制系统性能的重要指标。排放前，先对贮罐内流出物液体进行采样监测，排放期间进行连续监测，一旦有瞬时浓度超出控制值，排放必须立即终止。内陆核电站排放口下游 1km 处的放射性核素浓度是一项水质控制指标，其目标是保证排放口下游居民的饮水健康。按照世界卫生组织（WHO）和 IAEA 的有关标准和导则，饮用水标准中的放射性浓度指标是根据低剂量长期累积效应推导出来的年平均浓度指标，而且用到了筛选值的概念。

我国现行对核电站液态流出物的管理，在严格的排放总量控制的基础上，又增加了对排放活度的控制，并对滨海及滨湖的核电站分别作了相应的规定。根据徐月平等的分析，在内陆核电站 AP1000 机组的设计中，应进一步改进放射性废液处理系统的处理工艺，使废液处理系统的去污因子提高不小于一个数量级，以减少放射性废液的排放总量，才能适应新标准中关于排放口处放射性液态流出物的活度要求；内陆核电 AP1000 厂址河段受纳水体年均流量至少在 $44m^3/s$ 以上时，放射性废液经水体完全稀释后，才可能满足排放口下游 1 km 处氚浓度不超过 100 Bq/L 的要求。由此可见，我国现行关于核电站液态流出物的排放标准是严格的。为了有尽可能好的水力弥散条件，内陆核电大多布局在大江大湖等水资源条件比较好的区域。然而这些区域同样肩负着重要的供水任务，为了保障水资源的安全，严格的排放标准无疑是合理的。

3.5.2.2 与低剂量效应评估对应的长期平均浓度控制

已有的核电站运行经验表明，核电站放射性液态流出物排放可能使电厂周围公众个人受到的辐射剂量在本底环境辐射水平的涨落范围，远低于人体可能产生急性辐射健康效应的阈值。正是基于这种基本认识，国际组织和有关国家在制定饮用水标准或核电站排放口下游浓度控制要求时，均按照低剂量长期累积效应的概念来考虑长期平均浓度的控制要求。

IAEA 于 2001 年发布的安全报告丛书第 19 号，给出了放射性物质排入环境的影响评价模型，其中，对于核电站厂址筛选和评价，指出可采用厂址 30 年一遇的最低年平均流量或者厂址多年平均流量的三分之一来计算放射性液态流出物排放可能使公众个人受到的照射剂量。

在 WHO 的《饮用水水质准则》中明确说明：采用 0.1mSv/a 的有效剂量作为推导饮用水中放射性核素指标的参考剂量，与世界平均环境本底辐射水平 2.4mSv/a 相比，推导出来的放射性核素的浓度指标是足够安全的。在推导放射性核素的浓度指标中，假定一个人每天饮用 2L 这样浓度的水（1 年 730L），所受到的剂量不超过 0.1mSv/a。WHO 在其《饮用水水质准则》中指出，即使短期内饮用水的核素指标超标，全年受到的有效剂量也不一定超过 0.1mSv。

法国 RCC－P《法国 900MWe 压水堆核电站系统设计制造准则》中对于内陆核电站受纳水体中放射性浓度提出了要求：在河流排放的情况下，计算得到的总稀释后除氚外核素的浓度增量小于 0.74Bq/L，氚的浓度增量小于 74Bq/L。RCC－P 中的浓度指标与 GB 6249—2011 中的浓度指标在数值上是相近的，但有两点需要说明：①RCC－P 的数值对应于放射性液态流出物羽流与水体均匀混合处，而 GB 6249—2011 中的浓度指标对应于排放口下游 1km 处，而此处的放射性液态流出物通常远未达到与水体均匀混合的程度；②RCC－P 对内陆核电站给出的浓度指标是年平均浓度，并且规定“一年中浓度最大的 30 天内，浓度增量可以是根据批准的年放射性排放量计算的年平均值的 10 倍”。

在美国，NRC 在联邦法规 10CFR20 中对于核电站液态流出物排入水体的放射性核素也有浓度控制要求，其推导方法与 WHO 相似，只是将参考剂量确定为 0.5mSv/a。同时在美国内陆核电站的放射性流出物排放报告中可以看到：美国内陆核电站实际运行中，对于排入环境的液态流出物，按照季度平均浓度来进行该季度中最大公众个人剂量计算，4 个季度的剂量相加得到的最大公众个人的年度剂量，这些剂量估算值要向 NRC 报告，作为评估核电站该年度放射性液态流出物排放环境辐射影响的量度。

综上所述，对于内陆核电站放射性液态流出物排放口下游的活度控制，应该采用与低剂量效应评估对应的长期平均浓度。然而《核电厂放射性液态流出物排放技术要求》（GB 14587—2011）中明确规定：滨河、滨湖或滨水库核电站在其总排放口下游 1km 处应设置监测点，在液态流出物排放期间，每天定时取样分析。也就是说，新标准对于下游浓度的控制落实到日均浓度上，这说明我国的标准比国际上的标准更为严格，符合国情，比较合理。

3.5.2.3 筛选值在浓度控制中的应用

WHO 在推导饮用水的放射性浓度指标时用到了 0.1mSv/a 的参考剂量以及每天饮用 2L 水（一年 730L）的基本假定。需要指出的是，所推导的饮用水浓度指标是针对具体核素给出的，在 WHO 的《饮用水水质准则》中称为放射性核素的指导水平，具体公式为

$$GL=\frac{IDC}{h_{ing} \cdot q} \tag{3.1}$$

式中：GL 为饮用水中某放射性核素指导水平，Bq/L；IDC 为个人剂量验收准则要求的 0.1mSv/a；h_{ing} 为对应某核素的成人食入剂量转换因子，mSv/Bq；q 为成人的年平均饮水量，730 L/a。

WHO 对于核电站液态放射性流出物中常见核素的饮用水浓度指导水平见表 3.4。在严格的饮用水评价中，要求先计算饮用水中各核素的实际浓度与指导水平的比值，所有核素的比值之和小于 1，则满足饮用水的放射性指标要求。

然而，WHO 在其《饮用水水质准则》中指出，鉴别饮用水中各核素的种类以及确定它们的浓度，需要复杂和昂贵的分析，这通常不是必须的，因为在大多数情况下，核素浓度是非常低的。一种较为实际的做法是采用筛选程序，即首先确定总 α 和总 β 放射性，而不是先去确定具体的放射性核素。

表 3.4 WHO 对于核电站液态放射性流出物中常见核素的饮用水浓度指导水平

核素	指导水平/(Bq/L)	核素	指导水平/(Bq/L)
H－3	10000	Y－90	100
Cr－51	10000	Nb－95	100

续表

核素	指导水平/(Bq/L)	核素	指导水平/(Bq/L)
Mn-54	100	Ru-103	100
Fe-55	1000	Ru-106	10
Fe-59	100	Ag-110m	100
Co-58	100	Sb-125	100
Co-60	100	I-131	10
Zn-65	100	Cs-134	10
Sr-89	100	Cs-137	10
Sr-90	10	Ce-144	10

于是，WHO引入了筛选值的概念：总α活度浓度筛选水平为0.5Bq/L，总β活度浓度为1Bq/L，当饮用水中放射性核素的活度浓度水平低于此筛选水平，则无需干预。如果经一系列的筛选后，总α和/或总β的活度浓度仍然超过给定的阈值（筛选水平），就需对每一种放射性核素的活度浓度进行调查分析，并与规定的指导水平进行比较；当单一核素放射性浓度超过相应的指导水平，或各种核素活度浓度与相应指导水平的比值之和超过1时，经进一步的评价和正当性判断后，要考虑采取必要的补救行动（图3.3）。

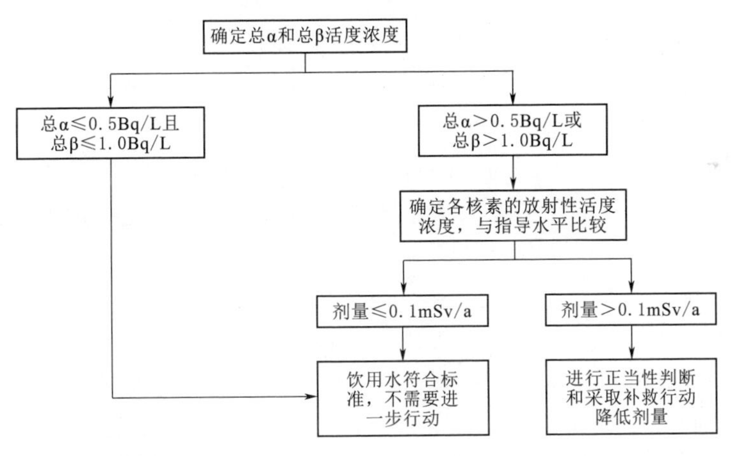

3.3 WHO饮用水标准中采用放射性浓度筛选值和指导水平的工作程序

我国的《生活饮用水卫生标准》（GB 5749—2006）是参照WHO的《饮用水水质准则》制定的。在放射性浓度指标方面，对于总α和总β分别给出了0.5Bq/L和1Bq/L的指导值，同时，在GB 5749—2006中明确说明“放射性指标超过指导值，应进行核素分析和评价，判定能否饮用”。毫无疑问，我国《生活饮用水卫生标准》（GB 5749—2006）中对于放射性浓度指标，也采用了与WHO一致的筛选值概念。

表3.5给出内陆核电站排放口下游的放射性核素浓度指标。由表可见，我国GB 6249—2011对于内陆核电站排放口下游1km处受纳水给出的总β活度浓度指标，与WHO、GB 5749—2006以及加拿大的饮用水标准一样，对于总β活度浓度，采用的是筛选值控制指标。

表3.5　　内陆核电站排放口下游放射性核素浓度指标

指标或标准	推导浓度的参考剂量	总β指标值	氚指标值
WHO饮用水指标	0.1mSv/a	1Bq/L（筛选值）	10000Bq/L
美国EPA饮用水指标	0.04mSv/a	*	740Bq/L
欧盟饮用水指标	0.1mSv/a	*	100Bq/L（筛选值）
加拿大卫生部饮用水指标	0.1mSv/a	1Bq/L（筛选值）	7000Bq/L
我国生活饮用水卫生标准（GB 5749—2006）	等效采用WHO饮用水指标	1Bq/L（筛选值）	
GB 6249—2011（排放口下游1km受纳水体）		1Bq/L（筛选值）	100Bq/L（筛选值）

*　表示未规定总β指标值，各β/γ放射性核素的浓度指标按照参考剂量进行推导。

对于氚浓度控制，WHO给出的指导水平是10000Bq/L，而欧盟饮用水标准中将100B/L的氚浓度作为筛选值来加以控制。GB 6249—2011中对于内陆核电站排放口下游1km处受纳水体的氚浓度，与欧盟饮用水标准一样，采用了严格的控制值，但这个控制值是一种筛选值。

在GB 6249—2011中，对于内陆核电站排放口下游1km处受纳水体的浓度提出了总β浓度和氚浓度的控制值，同时也指出"如果浓度超过上述规定，营运单位在排放前必须得到审管部门的批准"。这也表明，GB 6249—2011中对于内陆核电站排放口下游1km处受纳水体的浓度提出的总β浓度和氚浓度的控制值是筛选值。

经过上述分析可以看出，我国GB 6249—2011中对于内陆核电站排放口下游的浓度控制要求非常严格，其要求已经达到了饮用水水质标准中的筛选值水平。

3.5.2.4　核电站放射性液态流出物排放对人体辐照的风险水平

在WHO的《饮用水水质准则》中明确指出，对于像饮用水水质标准要求这样极低的剂量水平（0.1mSv的年度剂量），只能通过风险水平来衡量，而这个年度剂量的辐照对于健康的附加风险是很小的。

根据ICRP（国际放射防护委员会）1991年的数据，放射性对人体造成的包括致命性癌症、非致命性癌症、严重遗传效应等全部在内的随机效应健康风险为7.3×10^{-2}/Sv，对应于WHO推荐饮用水中放射性核素指导水平的0.1mSv/a，推算出其对应的个人的终身随机效应健康风险约为10^{-4}量级（为目前所估计的上限值），这个风险水平与当前社会中的其他健康风险相比是极低的。

全球的本底环境辐射水平，在各地区差别较大，平均水平约为2.4mSv/a。美国国家放射防护委员会给出，美国平均的本底环境辐射水平为3.6mSv/a。根据2010年3月潘自强院士等编著的《中国辐射水平》，我国平均的本底环境辐射水平为3.1mSv/a。联合国原子辐射效应科学委员会（UNSCEAR）指出，世界上个别地区天然放射性造成的本底环境辐射水平可以达到世界平均水平的10倍，但根据人口学调查仍然没有发现健康风险的增加。

人类所受到的辐射影响来自许多天然和人造的放射源。在自然环境中，放射性物质是无处不在的（比如自然环境中的氡、铀、钍和K-40等）。目前，人类所受到的绝大部分辐射影响来自天然氡和其子体核素摄入以及环境中的外照射和医疗照射。根据2000年UNSCEAR给出的数据，世界范围内因医学诊断和检查所造成的平均个人剂量约为0.4mSv/a（典型的变化范围为0.04～1.0mSv/a），而全世界范围内因为核电生产对人类个人造成的辐射剂量贡献是很小的，在2000年时这一估计值仅为0.0002mSv/a。由此可见，相比于天然本底辐射和医学照射所产生的剂量，核电生产对人类所受到的总辐射剂量的贡献是相当低的。

核电站正常运行期间放射性液态流出物排放对人体所造成的辐射影响，相对于人类所受到的天然辐射或者医疗照射而言是非常低的。饮用水标准中的0.1mSv/a的剂量准则相对于天然放射性本底水平来讲只是一个很小的增加值，只相当于全球平均天然放射性本底值的约4%。即使人类常年饮用达到WHO规定的放射性核素浓度指导水平的饮用水（全年所受有效剂量0.1mSv/a），其所造成的健康风险相比于我们所处的社会环境中其他的健康风险，也是非常低的。

此外，以上所指的饮用水中放射性核素的浓度指导水平或者筛选值，均表示的是直接饮用水中的放射性核素浓度，而不是表示自然水体中的放射性核素浓度。目前GB 6249—2011中要求的排放口下游1km处的放射性核素浓度所指为自然水体中的浓度，而在人类饮用自然水体之前，必然要经过一定的沉淀、过滤以及化学方法等处理过程，这些过程对于放射性核素均是有去除作用的。所以，即使人类饮用的水全部来自放射性核素浓度达到饮用水水质标准中规定的放射性浓度指导值水平的水体，在经过一系列处理过程后，其放射性核素的浓度水平（总β）会低于自然水体中的浓度值，对人体造成的健康影响也会低于WHO规定的饮用水造成个人剂量的指导水平。

上述分析说明，若内陆核电站的液态流出物排放能够满足现行国家标准的规定，对于人体的辐射风险是微乎其微的，远低于天然放射性本底的水平。从水资源安全的角度来说，这样的规定是较为严格的，也是合理的。

3.5.3　保障水资源安全的核电站技术标准建议

我国现行与核电站有关的选址、运行标准借鉴了国外的先进经验，并根据国情作了相应改进，通过上述的分析可以看出，这些规定是比较严格与合理的，能够适应我国核能发展的需要。如果在核电站的选址、运行过程中能够严格按照有关标准执行，水资源的安全是可以得到保障的。

虽然目前的规定比较合理，但有些条文缺乏相应的实施细则，还不能用于日常的管理，尤其是选址过程中与水域环境功能区划相容性的认定、饮用水水源地的保护等内容，还没有具体的管理细则落地。目前核电站选址、运行等管理体系，往往以国家核安全局、生态环境部等部门主导，水利部门的参与度及话语权较少。形成这种局面的一个原因是我国“先滨海后内陆”的核电布局路线。滨海核电站不需要用淡水对反应堆进行冷却，对水资源安全影响有限。但内陆核电用水量大，要求保证率高，需要充足稳定的水源保障，对水资源安全影响较大。面对核能发展要求及最严格水资源管理的双重压力，水利部门亟须以这些条文作为切入点，尽早介入核电站的选址过程，参与核电运行的监督，从而保障水资源的安全。

针对我国的国情、水情、当前严峻水资源形势和水资源管理改革的现实需求，《中共中央国务院关于加快水利改革发展的决定》（即 2011 年中央一号文件）明确提出实行最严格的水资源管理制度，并深入阐述了“确立三条红线，建立四项制度”等水资源管理内容。从保障水资源安全的角度出发，除了现行标准中已经明确的与水域环境功能区划相容性的认定、饮用水水源地的保护等内容之外，还需对核电的用水总量、用水效率、受纳水体的纳污能力等方面加以限定和引导，以适应我国的水资源管理现状，促进水资源合理开发和生态环境保护，实现水资源可持续利用。这需要构建一套可操作性强且能够系统反映“三条红线”控制精神的核电对水资源安全影响评价的评价方法及指标体系。

在核电站事故应急方面，目前的法规导则体系并没有与保障水资源安全密切相关的内容。随着我国核电发展的新形势，水资源管理部门应纳入核电站事故应急体系，编制相应的工作大纲，明确在核事故预防与应急过程中水资源管理所承担的任务、组织结构、需要采取的应急措施等内容，用于指导水资源管理部门的核事故应急工作。

根据对 WHO《饮用水水质准则》的解读，可以认为，该标准给出的放射性核素浓度指标，是一个平均浓度，而不是要去关心某一个空间点的浓度。GB 6249—2011 对排放口下游浓度控制的出发点与 WHO《饮用水水质准则》的出发点是相同的，因此，也可以认为 GB 6249—2011 对于排放口下游的浓度控制要求，也不是要寻找一个空间极大值，而是要给出在某种范围内的空间平均值。

一般的环境监测要求通常是基于排放物与受纳水体混合均匀的前提提出的，而内陆核电站的放射性液态流出物排放羽流在排放口下游 1km 处是较难实现混合均匀的，当排放受纳河流为大型、稳定型的河流，则完全混合的距离要更长。即使考虑使用扩散器，对排放口优化设计，根据美国 Watts Bar 和 Brown Ferry 核电站的运行经验，其完全混合距离也长达 15km 或更长。由此可见，我国内陆核电站排放口下游 1km 处的监测，既不同于核电站的放射性流出物监测，亦不同于非放射性或者放射性环境监测的要求，需要综合考虑后提出适宜的监测方法。

3.5.3.1 运行初期的监测方案

这个阶段的监测方案可以用来验证运行前的浓度预测评价结果，掌握不同水文条件和排放方式下浓度分布的特点，为确定长期运行阶段的监测方案提供依据。

GB 14587—2011 中规定核电站放射性液态流出物的监测和记录应满足《核设施流出物监测的一般规定》(GB 11217—89) 和《核设施流出物和环境放射性监测质量保证计划的一般要求》(GB 11216—89) 的相关要求。液态流出物中非放射性物质和温度的监测应按有关标准的规定进行。关于取样位置及取样频率的设置可参考《环境影响评价技术导则 地面水环境》(HT 2.3—2018) 以及现行的核电站流出物监测方案等。这个阶段监测的取样位置和取样频率的建议可以根据实际的排放情况和受纳水体的水文条件来适当增减。

对于大多数受纳水体而言，放射性液态流出物排放羽流在排放口下游 1km 处尚未与受纳水体实现均匀混合。因此，在对排放口下游 1km 处的浓度进行评价时，如果采用现行的河流断面平均的评价方法，可能会造成低估。如果取断面的轴线最大浓度来进行评价，又与排放口下游 1km 处水质指标控制和剂量控制的原则不符合。建议采用排放口下游 1km 处排放羽流宽度内的平均值，以尽量合理地评价排放口下游 1km 处的浓度。

1. 排放口下游 1km 处浓度监测的取样位置

当核电站液态放射性流出物受纳水体为河流时，在排放口下游 1km 处设置取样断面，取样断面上取样垂线的布设应按照预测结果，取样垂线数量和取样点设置要求见表 3.6 和表 3.7。

表 3.6 排放口下游 1km 处断面取样垂线数量要求（河流）

排放方式	水面宽度	垂线数量
近岸排放	≤50m	≥2 条（中泓和预测的日平均浓度最高处）
	50～100m	≥3 条（中泓、预测的日平均浓度最高处、预测的羽流范围最远端处）
	＞100m	≥4 条（中泓、预测的日平均浓度最高处、排放口所在湿岸到中泓的 1/2 处、预测的羽流范围最远端处）
离岸排放	≤100m	≥3 条（预测的扩散羽流两端、预测的日平均浓度最高处）
	＞100m	≥5 条（预测的扩散羽流两端、预测的日平均浓度最高处，预测的扩散羽流两端与浓度最高处的各 1/2 处）

表 3.7 排放口下游 1km 处断面取样垂线上取样点设置要求（河流）

水深	取样点数	说明
≤5m	≥1 点（上层）	上层指水面下 0.5m 处，水深不到 0.5m 时，在水深 1/2 处；下层指河底以上 0.5m 处；中层指 1/2 水深处。封冻时在冰下 0.5m 处，水深不到 0.5m 时，在水深 1/2 处
5～10m	≥2 点（上、下层）	
＞10m	≥3 点（上、中、下层）	

当核电站液态放射性流出物受纳水体为湖泊、水库时，在排放口外围 1km 处以排放口为中心按照圆弧形设置取样断面，布设不小于 2 条垂线，具体垂线数量可以按照排放口外围 1km 处圆弧形断面长度进行确定。取样垂线上的取样点设置要求见表 3.8。

表 3.8 湖泊、水库取样垂线上取样点设置要求

水深	分层情况	采样点数	说明
≤5m		≥1 点（水面下 0.5m 处）	分层是指湖水温度封层状况；水深不足 1m，在 1/2 水深处设置测点
5～10m	不分层	≥2 点（水面下 0.5m，水底上 0.5m）	
5～10m	分层	≥3 点（水面下 0.5m，1/2 斜温层，水底上 0.5m 处）	
＞10m		除水面下 0.5m、水底上 0.5m 处外，按每一斜温分层 1/2 处设置	

2. 排放口下游 1km 处浓度监测的取样频率

当核电站受纳水体稀释条件不够理想时，可能会出现通过排放方式控制使得槽式排放流量很小、时间延长为连续排放的情况，此时的取样要求如下：在液态放射性流出物排放流量恒定情况下，每天连续取样监测（一次）。

对于槽式间歇排放：在排放 1 小时以前取样监测，在排放期间取样监测（一次）；视受纳水体稀释条件，至少在排放停止 1 小时以后取样监测 1 次。

以上浓度监测频率是在液态放射性流出物的排放流量和受纳水体的稀释条件变化不大的前提下开展的，如排放流量和稀释条件变化很快，则应考虑适当提高监测频率。间歇排放的监测中，对于排放开始前的监测要求主要考虑的是获得受纳水体的本底浓度情况，以及是否有因间歇排放引起浓度累积的情况存在，以便于与排放引起的浓度增量相比较；排放停止后的浓度监测要求主要是考虑间歇排放停止后的水体输运时间，获得排放引起受纳水体浓度增加后的恢复情况。从这些目的出发，排放开始前和停止后的监测应灵活掌握。

3. 监测结果的评价

取样点的监测浓度指的是此取样点的放射性指标监测浓度，低于探测限的取样点按照探测限的 1/2 进行统计；每个取样垂线上的监测浓度指的是该垂线上所有取样点的监测浓度的算术平均值；监测断面的平均浓度指的是所有取样垂线的平均浓度的算术平均值。断面监测浓度日平均值指的是一天内所有次监测的监测断面浓度平均值的算术平均值。

浓度监测结果的评价是为了验证前期预测评价结果，并通过监测结果的评价，结合预测分析来选择合适的后期运行状态下的监测点位。

对于连续排放，监测的放射性指标的年平均值、月平均值不应超过 GB 6249—2011 要求相应指标，对于某时段、某些取样点、取样垂线或者取样断面的超标情况，应予以关注并进行分析，若有需要，则停止放射性流出物的排放直至解决问题。

对于间歇排放，全月、全年排放的平均浓度不应超过 GB 6249—2011 要求的相应指标，对于某时段、某些取样点、取样垂线或者取样断面的超标情况，应予以关注并进行分析。

3.5.3.2　长期运行后的监测方案

在核电站运行初期，按照上述要求进行一段时间的监测后，应能够获得核电站液态放射性流出物排放后在不同的受纳水体水文条件下在排放口下游的浓度场分布情况，并能够对前期开展的预测评价结果进行验证和分析，在此基础上可以选取一个对排放口下游浓度具有典型代表的取样点，来进行运行中的浓度监测和排放相关的控制要求。

在此取样点位置选择的过程中，需综合考虑水文条件的年内和年际变化，核电站排放口下游浓度场在不同排放方式和水文条件下的分布情况，取样点布设的可行性等要素。由于有前期预测评价和运行初期的监测为基础，对于核电站液态放射性流出物的排放能否满足国标的浓度要求已经有了较为充分的了解，此取样点的布设并不要求选择在预测或前期监测到的浓度最大的位置上（由于航道、水文条件、地形等的限制，可能这样的点位布设连续监测装置并不可行），而重点关注的是能够反映出在排放过程中和历次排放中的浓度变化规律，从而防止放射性核素浓度意外增高的情况，以及时反馈到核电站的排放控制上。

核电站稳定运行后的浓度监测装置应该采用固定式或其他能够实现连续取样的装置，参考国外已有的核电站排放浓度（受纳水体中）监测装置，监测时可实现每 1 小时取样一次，按照日平均或者间歇排放时段内的平均值作为监测的浓度进行评价。

在监测浓度的评价过程中，监测的放射性指标的年平均值及月平均值不应超过 GB 6249—2011 规定的相应指标，对于某时段的超标情况，应予以关注并进行分析，及时找到原因并进行排放控制的调整。

3.6 本章小结

本章主要了调研我国现行的与核电选址、建造、运行有关的技术标准；筛选、整理了其中与保障水资源安全有关的内容，并对其合理性进行了分析。标准主要涉及核电站的选址标准以及放射性污染物的排放标准。在此基础上，提出了对现有标准体系的改进意见。主要结论如下：

（1）我国核安全法律法规按照法律效力分为三个层次。第一层为全国人大制定的核安全有关法律；第二层为国务院制定的核安全行政条例，并以实施细则作为配套文件。第三层为国务院各部门（主要是生态环境部、国家核安全局）发布的部门规章或重要国家标准。国家核安全局制定了一些与核安全技术要求的行政管理规定相对应的支持性文件——核安全导则，其层次低于部门规章。与水资源安全关系密切，且操作性强的技术标准一般都属于这个层次。

（2）核电站选址过程必须考虑厂址所在区域的城市和工业发展总体规划、土地利用的总体规划、水域环境功能区划之间的相容性，尤其应避开饮用水水源保护区、自然保护区、风景名胜等环境敏感区。受纳水体的弥散能力是核电站厂址比选的一项主要指标。

（3）我国对放射性液态流出物实行排放总量及排放活度的双重监管，年排放总量按季度和月控制，浓度控制值需进行优化。核动力厂液态放射性流出物必须采用槽式排放方式。核电站设计时应设置足够容量的应急滞留贮槽，以保持对放射性废液的容纳和控制能力。

（4）核电站放射性废水排污口应避开集中取水口、经济鱼类产卵场、洄游路线和水生生物养殖场；应选在对流出物扩散条件好的水域，应尽量避开受纳水体中悬浮沉积物较多的地方；对于滨河、滨湖或滨水库厂址，总排放口下游 1km 范围内禁止设置取水口。

（5）我国现行与核电站有关的选址、运行标准是比较严格与合理的，能够适应我国核能发展的需要。如果在核电站的选址、运行过程中能够严格按照有关标准执行，水资源的安全是可以得到保障的。

（6）选址过程中与水域环境功能区划相容性的认定、饮用水水源地的保护等内容，还没有具体的管理细则落地。面对核能发展要求及最严格水资源管理的双重压力，建议水利部门以这些条文作为切入点，尽早介入核电站的选址过程，参与核电运行的监督，从而保障水资源的安全。

（7）建议构建一套可操作性强、能够系统反映“三条红线”控制精神的核电对水资源安全影响评价的评价方法及指标体系，对核电的用水总量、用水效率、受纳水体的纳污能力等方面加以限定及引导，以适应我国的水资源管理现状，促进水资源合理开发和生态环境保护，实现水资源可持续利用。

（8）我国内陆核电站排放口下游1km处的监测，既不同于核电站的放射性流出物监测，也不同于非放或者放射性环境监测的要求，建议在综合考虑后提出适宜的监测方法。

（9）在核电站事故应急方面，目前的法规导则体系并没有与保障水资源安全密切相关的内容。建议水资源管理部门纳入核事故应急体系，编制相应的工作大纲，用于指导核事故的应急工作。

4 核电站选址阶段对水资源安全影响的评估分析

核电工程项目建设可分为六个阶段：①项目启动阶段；②投资决策阶段，前期工程咨询，主要是选择厂址、初步可行性和可行性研究；③项目准备阶段，工程项目的初步设计、采购和施工设计；④项目实施阶段，工程项目的建筑施工、设备的安装、设备和系统的调整试验；⑤竣工验收阶段，生产准备、机组试运行和工程竣工；⑥生产运营阶段，生产运营、维护。

核电工程项目建设的六个阶段中，涉及水资源的主要为选址阶段、建设阶段和运行阶段。而核电站的建设阶段对水资源安全的影响与土建类工程及火电厂建设工程相似，对水资源安全影响较小，故本节重点对核电选址阶段对水资源安全影响的评估方法进行研究。

4.1 对水资源安全影响的分析

水资源是人类社会可持续发展的重要支撑和战略性资源，水资源安全的内涵比较广泛，实质在于水资源供给能否满足合理的水资源需求。对于核能发展来说，核电站在选址、运行过程中对水的存在方式及水事活动存在某种程度的威胁。

核电厂厂址选择遵循由面到点、由粗到细、不断查勘、验证和优化的过程。厂址选择需要对工程方案的技术可行性、外部事件设计基准的安全可靠性、核电厂址与区域环境相容性和涉及厂址特征的经济合理性进行分析。

（1）工程方案的技术可行性分析包括：①建设条件，即建设用地、地基条件、施工条件；②运输条件，即建设及运营时的运输量、交通运输设施、运输方案选择；③运行条件，即供水水源、排水条件、厂外电源供应、其他供应、输电；④三废管理，即三废（废水、废气、废物）处理的要求、三废贮存及管理方案、影响三废管理的厂址特征等。

（2）外部事件设计基准的安全可靠性分析包括：①外部自然事件，即地震、洪水、气象、工程地质等自然因素；②外部人为事件，即飞机坠毁、碰撞、化学品爆炸、邻近企业的有毒气体、邻近军事设施、影响安全冷却水源的可用供水流量等颠覆性因素。

（3）核电厂址与区域环境相容性分析包括：①大气弥散条件，即主要气象要素、大气的基本动力特征、扩散气象条件；②地表水弥散条件，即水体特征、水文要素、水生生物特征、扩散水文条件；③地下水弥散条件，即含水层及包气带特征、水文地质特征、扩散特征；④人文经济条件，即人口分布、水源利用、土地利用与居民点取水口关系、环境保护。

（4）涉及厂址特征的经济合理性分析包括：①场地平整土石方工程；②征地（含赔偿）；③移民（含其他搬迁）；④电网输变电配套；⑤取水、输水工程；⑥厂外交通工程联网工程；⑦地基处理（需要时）；⑧防洪工程；⑨防波堤、挡土墙、护坡等防护设施工程。

核与辐射安全导则《核电厂厂址选择中的放射性物质水力弥散问题》（HAD101/05）中规定，在厂址勘验阶段，需要收集该区域主要水体的描述，由核电厂可能造成的放射性污染范围的近似估计，以及该区域主要取水口的用途和位置，有关饮用水、食品制备用水和电厂附件的任何重要用水，比如灌溉、游泳、捕鱼都应特别注意。在厂址评定阶段，必须收集可能受核电厂放射性释放影响的当前用水资料，以及用水地点、性质和范围。必须尽可能估计核电厂整个寿期内规划用水情况。由于核电厂整个寿期内用水目标可能变化，所以了解规划用水资料是重要的，因为这可能引起重要居民群体的改变。如果存在从给定的水体取饮用水的居民中心时，更应仔细考虑。此外，对这个区域内水的其他用途，如灌溉、渔业、娱乐活动也必须仔细考虑。各种不同的用水资料包括以下几个部分：

1）饮用水、市政和工业用水方面的，包括用户最大和平均的取水量，取水点距可能释放源的距离，水消耗方式，涉及的人数。

2）灌溉用水方面的，包括用水量，灌溉面积，农产品种类、产量以及经常用水户。

3）商业捕鱼和钓鱼活动用水方面的，包括商业捕鱼和娱乐钓鱼量。

4）娱乐活动用水方面的，包括游泳和划船所涉及的人数。

核电选址阶段与水资源相关的内容主要为工程水文、水源和供水条件、排水条件和水功能区划等。选址的水资源条件有：备选厂址为滨海或内陆，选址所处区域为湿润区、半湿润半干旱区或干旱区，其水资源量是否丰富，周边的生态、人口是否符合核电选址要求；备选厂址取水水源有没有水、给不给用以及供水是否可靠；备选厂址取水后是否能保证河流生态水量和流量的基本要求；备选厂址取水、用水与区域水资源配置、取水总量控制与定额管理、用水效率与纳污总量控制是否协调，其本身的用水工艺是否合理；排水口设置对水资源是否有影响，非放射性废水和低放废水如何处置等。取水总量、用水效率、区域水功能区纳污能力等均为核电站影响水资源安全的主要因素。此外，核电站排放的放射性物质是一种比较特殊的污染物，在评估受纳水体纳污能力时，应考虑受纳水体的稀释条件。在核设施厂址适宜性评价中，在特定厂址所在区域内所发生外部事件（包括外部自然事件和人为事件）对核设施的影响，与实施应急措施的可能性及个人和群体风险评价必要性有关的外围地带的人口密度、人口分布及其他特征等也是需要考虑的内容。

因此，本节将对与水资源安全相关的取用水影响、稀释条件影响、外部事件影响和应急措施作详细的分析，为后面提出合理的评价方法和指标体系提供依据。

4.1.1 取用水影响分析

目前，我国滨海核电站一般从水库取水，未来的滨海核电站也可能从河流取水，冷却水使用海水。内陆核电的水源大部分为水库、部分为河流，少量为湖泊。

滨海核电站 2 台 1000MW 机组运行期年取水量约 158 万～378 万 m^3，取水量不大，但是，由于沿海地区往往是水资源缺乏的地区、河流短、水量小，核电站取水影响也不容忽视。

和滨海核电相比，内陆核电取水量大幅增加，4 台 1000MW 机组取水量约 1.6 亿 m^3，是滨海核电站取水量的 80 倍，其取水影响可能远远大于滨海核电（表 4.1）。

表 4.1　　4 台 1000MW 机组的用水当量表

一级区	综合用水人口/万人	农业灌溉面积/万亩	城镇生活用水人口/万人
松花江	25	33.8	272.2
辽河	42.5	35.2	228.6
海河	54.9	63.7	260.6
黄河	45.9	39.2	272.2
淮河	55.7	63.7	288.8
长江	34.7	35.1	191.7
东南诸河	34.7	29.4	178.1
珠江	30.5	19	139.2
西南诸河	30.1	27	274
西北诸河	7.5	21.8	189.1
平均	36.2	36.8	229.5
最小	7.5	19.0	139.2
最大	55.7	63.7	288.8

内陆核电项目用水量现状可承载的人口数量或经济规模是十分可观的，其用水量相当于19万～64万亩（平均37万亩）灌溉面积，或相当于8万～56万人（平均36万人）的综合用水。由于其取水量大，对其他用户的影响范围和程度大大增加，对水资源的影响远远大于滨海核电。

当核电站没有足够的可供水量供核电站使用的时候，需要进行水资源配置来满足核电站用水。其方法一般有节水、新建新的水源工程、调整区域水源配置、使用非常规水源等。由于内陆核电站取水量大，往往难以采用单一方法，而需用采用综合方法来解决核电站用水。

目前，水资源安全的内涵尚不明确，核电站对水资源安全的影响程度也没有定论。但是，2011年中央一号文件确定全国推行最严格水资源管理制度，指出“三条红线”是最严格水资源管理制度的核心和具体展开，是水资源可持续利用和人水和谐思想的具体体现和进一步细化，为水资源综合管理的实践指明了方向并确立了重点，也为核电对水资源安全影响提供了一个衡量标准。

水资源开发利用红线就是在节约高效用水前提下，各地允许的用水总量，是对用水定量化的宏观管理。核电项目现状水平年及规划水平年的用水总量应满足所在区域现状年和规划年的用水总量控制指标和工业用水总量的控制指标。同时，分析区域剩余指标占总指标的百分比和核电取水量占剩余指标的百分比，明确区域现状及规划水平年取水紧缺程度和核电取水对区域水资源安全的影响。对于现状水平年超标、规划水平年不超标的项目，应拿出具体的节水控制措施；对于规划水平年超标的项目，不予通过。

用水效率控制旨在强化节水监督管理，严格控制高耗水项目建设。核电项目应对区域万元工业增加值用水量进行评估，将工业用水效率指标与区域对比、与区域同行业对比，并设定合理的否定界限，如应高于平均水平的50%，反之，则影响水资源安全，不能开工建设。此外，核电站设计需考虑水资源保护，加大废污水综合利用程度，完善节水措施，开展清洁生产，减少用水量和排水量，加强水资源保护和用水安全监控等。参照火电站设计，强制要求在北方缺水地区核电站设计需采用空冷技术。

对其他用水户，核电站取水可能影响灌溉用水、工业用水、生活用水。内陆核电站取水可能造成下泄水量减少、下泄流量过程改变，影响下游河流生态系统，影响河流纳污能力。在水资源供需矛盾紧张的地区，核电取水往往影响多个用户、影响范围往往很大，往往需要调整区域水资源配置。因此，还应对农业节水提高率、受影响灌溉面积、影响生活用水量、补偿费用等多方面进行综合评估。

4.1.2 稀释条件影响分析

我国是水资源相对缺少的国家，而核电建设需要大量的水资源，内陆核电此问题尤其突出。根据 AP1000 的设计参数，一个建设 4 台 AP1000 机组的内陆核电站（采用自然通风冷却塔）年取水量为 1.2 亿～1.6 亿 m^3，其中，由于冷却塔蒸发、漂滴损失造成的耗水量为 0.9 亿～1.3 亿 m^3。内陆核电站供水水源的保证需要通过合理布局来解决。

美国多年平均水资源量为 2.97 万亿 m^3，是人均水资源量较高的国家，但美国的水资源分布非常不均匀。美国大陆年平均降水量为 760mm。从太平洋沿岸到落基山脉，平均降水量在 500mm 以下；从落基山脉到密西西比河，平均为 710mm；从密西西比河到大西洋沿岸为 1100m。美国的核电站大多分布在密西西比河流域及其以东至大西洋沿岸的区域。其中，美国密西西比河流域共建有 21 座核电站，共 32 个机组，总装机容量达到 3093 万 kW。2013 年在美国 NRC 网站上，就已经给出新建核电站的申请情况，其中，在密西西比河流域拟新建或扩建的核电项目有 5 个，这些项目的装机总容量估计在 1000 万 kW 左右。

我国多年平均水资源量为 2.81 万亿 m^3，是人均水资源量相对较少的国家，同时有水资源分布不均匀的特点。我国多年平均降水量为 648mm。西北多干旱地区；长江两岸平均降水量为 1000～1200mm；江南丘陵和南岭山地大多超过 1400mm；东南沿海的广东、福建、广西、浙江等省（自治区），年降水量大多在 2000mm 以上。因此，参照美国，可以将我国内陆核电站布局在长江流域以及其他水资源相对丰富的地区。内陆核电站布局在这些水资源相对丰富的地区，可以满足核电站各种用水的保证率要求。

需要指出，《国务院关于实行最严格水资源管理制度的意见》（国发〔2012〕3 号）提出，要确立水资源开发利用控制红线，到 2030 年全国用水总量控制在 7000 亿 m^3 以内。建议将内陆核电站用水量列入全国水中长期供求规划以及各省的水资源利用规划。通过水资源论证工作以及实行取水许可制度，在内陆核电站取水得到保证的同时，避免与周围其他用水户的用水矛盾。

我国 30 个内陆核电站厂址已由初步可行性研究确定为优先候选厂址，或者已经在开展可行性研究工作。这些厂址中，有 26 个滨河厂址，4 个滨水库厂址。这 30 个厂址绝大部分选择在水资源较为丰富的长江流域、珠江流域和松花江流域。

26 个滨河核电站中，5 个厂址的多年平均流量为 150～500m^3/s，4 个厂为 500～1000m^3/s，7 个厂址为 1000～5000m^3/s，3 个厂址为 5000～10000m^3/s，其余的厂址，多年平均流量大于 10000m^3/s。我国这些滨河核电站厂址的稀释扩散能力是相当的或是相对较好的。

4 个滨水库厂址中，水库的库容均在 10 亿 m^3 以上，属于大（1）型水库，可以保证电厂运行的取水要求。同时，水库的入库径流量均在 10 亿 m^3 以上。因此，不管是采取库内排放还是坝下排放方案，电厂排放的放射性液态流出物都可以得到较好的稀释。可作为参照的是，11 个美国内陆滨湖核电站中，有 7 个湖、库的库容小于 10 亿 m^3，其中还有 1 个厂址的湖库容积仅为 3800 万 m^3。

根据上述 30 个内陆核电站下游最近公共饮用水水源取水点至厂址距离的数据可以看到，其中 5 个厂址排放口下游 80km 范围内没有公共饮用水水源取水口，只有 5 个电厂排放口下游最近的公共饮用水水源取水点至排放口的距离在 7～10km 的范围，其余的厂址排放口下游最近的公共饮用水水源取水点至排放口的距离为 10～80km。因此，只要使这些核电站排放口下游 1km 处的水体浓度满足《核动力厂环境辐射防护规定》（GB 6249—2011）中的浓度要求，再经过一定距离的稀释扩散，那么这些核电站下游公共饮用水水源取水点水质中的放射性指标，就可以很好地满足国家规定的生活饮用水标准。

4.1.3 外部事件影响分析

我国核电站选址有关的核安全法规和导则是参照 IAEA 相关法规、导则制定的，是与国际接轨的。在实际选址过程中，按照厂址所在地区的极端事件（可能最大地震、可能最大降水、可能最大龙卷风、可能最大风暴潮等）确定厂址设计基准。同时，要采用“确定论”和“概率论”两种方法来确定厂址设计基准。

在某些选址因素方面，还结合我国的情况提出了严格要求。例如，我国核安全导则《核电厂厂址选择中的地震问题》（HAD101/01）中，对于设计基准地震动参数 SL—2 的最低限值，结合国内的地震背景，将 IAEA 相应导则推荐的 0.1g 调整为 0.15g。此外，该导则将能动断层的鉴定年限定为 10 万年，而美国的鉴定年限为 3.5 万年，日本规定能动断层的鉴定年限为 5 万年。在福岛核事故后，日本政府提出拟将活动断层鉴定年限调整至 12 万～13 万年。

尤其需要指出的是，与国内其他重要设施相比，我国核电站的抗震设计要求是最高的。每个核电站厂址必须用两种方法（确定性与概率论）进行评价，并取其中的最大值作为核电站的抗震设计基准。确定性方法考虑了极端情况下的地震影响状况。概率论方法分析计算时采用年超越概率 1×10^{-4}（复发周期约为一万年）的地震动参数值，比常规发电厂设计使用的 500 年一遇的抗震设防标准高了数倍；也比三峡工程大坝采用的 5000 年一遇的抗震设防标准高得多。

需要说明的是，我国和日本所处大地构造背景显著不同。日本位于著名的环太平洋地震带，同时也是太平洋板块和欧亚板块碰撞边界，属于典型的板块俯冲带。历史上沿日本东部板块俯冲带发生过多次大规模历史地震和海啸。

尽管有舆论认为我国也属于地震灾害多发国家，而且历史上也经历了多次地震灾难，并造成严重损失，但我国的地震活动，无论在地震频度和地震强度方面远低于处于欧亚板块与太平洋板块碰撞俯冲带的日本。我国属于欧亚大陆板块，大地构造上属于板块内部地区。在我国东部地区，东北地区一些深源地震与板块俯冲带有关，但是其能量大部分消耗在上地幔和地壳中，一般对地表不构成影响；主要的破坏性地震活动为大陆板块内部及地壳内部的浅源地震，由于震源浅，震级不高时也会带来较严重的破坏。但这类地震与板块俯冲带产生的地震相比，能量要小很多。

此外，各拟建核电项目的建设单位和设计单位均十分注意将核电站厂址选择在地震活动性水平很低的地区。表 4.2 给出我国 13 个典型内陆核电站厂址在地震分区图中的位置及其所在地区的地震基本烈度和设计基准地面地震动参数（SL－2）值。可以看到，这些厂址都选择在低地震活动性地区。

表 4.2　部分典型内陆厂址与安全相关的厂址参数

序号	厂址	洪水				地震	
		所在水体	洪水组合	设计基准洪水位/m	厂坪标高/m	基本烈度	SL－2
1	湖北咸宁大畈	富水水库（富水）	上游水库溃坝和可能最大降水引起的区间洪水遭遇	65.93	88.00	Ⅵ	0.15g
2	湖北浠水胡家山	浠水	长江上游可能最大降雨引起的可能最大洪水	32.23	62.00	Ⅵ	0.20g
3	湖南益阳桃花江	资江	上游水库溃坝和可能最大降水引起的区间洪水遭遇	73.67	85.00	Ⅵ	0.15g
4	湖南华容小墨山	长江	上游可能最大降水引起的可能最大洪水	37.97	42.00	Ⅵ	0.15g
5	江西彭泽帽子山	长江	上游可能最大降水引起的可能最大洪水	22.93	31.30	Ⅵ	0.15g
6	江西吉安烟家山	赣江	上游水库连续溃坝和频率4%的区间洪水遭遇	71.54	80.00	Ⅵ	0.15g
7	安徽芜湖巴茅山	长江	上游可能最大降雨引起的可能最大洪水	15.71	16.50	Ⅵ	0.16g
8	四川南充三坝	嘉陵江	上游水库溃坝和频率4%可能最大洪水遭遇	308.67	321.00	Ⅵ	0.15g
9	重庆涪陵石佛	长江	上游可能最大降雨引起的可能最大洪水	184.02	215.00	Ⅵ	0.15g
10	广东韶关界滩	北江	上游水库溃坝和 1/2 可能最大降雨引起的区间洪水遭遇	62.65	79.00	Ⅵ	0.15g

续表

序号	厂址	洪水				地震	
		所在水体	洪水组合	设计基准洪水位/m	厂坪标高/m	基本烈度	SL－2
11	浙江龙游团石	衢江	上游水库溃坝和可能最大降雨引起的区间洪水遭遇	58.42	65.00	Ⅵ	0.15g
12	吉林靖宇赤松	白山水库（松花江）	上游水库溃坝，溃坝洪水因白山水库不溃而不能下泄	427.90	510.00	Ⅶ	0.25g
13	河南南阳高庄	鸭河口水库（白河）	上游水库溃坝与区间最大可能洪水相遇	184.20	195.20	Ⅵ	0.15g

在洪水设计基准方面，前面已经提及，日本根据历史观测值确定海啸洪水设计基准，直至福岛核事故发生后，才反省提出要考虑与安全要求相一致的重现期。在我国核电站厂址选择中，确定设计基准洪水位时要分析“可能最大”事件，包括降雨产生的可能最大洪水；可能最大洪水引起的上游水库溃坝；可能最大洪水引起的上游水库溃坝与可能最大降雨引起的区间洪水相遇；由相当运行基准地震动引起的上游水库溃坝与区间1/2可能最大降雨引起的洪峰相遇；由相当于安全停堆地震动引起上游水库溃坝与区间4%洪峰相遇。在这些事件中选择最大值，并考虑波浪影响后确定设计基准洪水位。

在核电站厂址的防洪设计方面，除了前面提到利用“可能最大”事件确定厂址的设计基准洪水位以外，还需要指出，与美国、法国在内陆冲积平原也可建造核岛（反应堆厂房）不同，目前我国核电选址，尤其是内陆厂址，一般均采用天然基岩作为核岛地基。通常的设计是选择合适的山体，经开挖后形成核岛地基。这种厂址选择方法使得我国内陆核电站厂址均能设计成“干厂址”，并且留有很大的安全裕度。表4.2同时给出13个厂址的洪水事件组合以及设计基准洪水位，还给出与初步拟定的厂坪标高的比较。可以看到，这些厂址拟定的厂坪标高均有很大的安全裕度，可以保证核电站免受洪水危害。

4.1.4 应急措施的影响分析

在福岛核事故中有一定数量的放射性污水泄漏入海，这是造成我国社会公众对我国核能发展疑虑增加的一个原因。尽管在前述的选址过程中已经注意避免在我国核电站发生类似福岛核事故那样的灾难性事件，通过全面、平衡地贯彻纵深防御原则，可以确保内陆核电站安全性持续提高，并可以“力争实现从设计上实际消除大量放射性物质释放的可能性”，但还是要充分认识到，福岛核事故加深了核事故对公众的心理影响。为了消除公众对于我国发展核能的疑虑，增强社会信心，需要针对我国核电站的这种极小概率事件，制定严重事故工况下确保水资源安全的应急预案。这种应急预案可看成是纵深防御最后一个层次——应急响应计划的组成部分，符合《核设施厂址评价安全规定》中提出的“着重体现预防和缓解并重的安全理念”的要求。

应急预案的制定原则可以归纳如下：

(1) 坚持贯彻严重事故预防和缓解并重的原则。内陆核电站既要力争实现从设计上实际消除大量放射性物质释放的可能性，也要针对发生概率极低的剩余风险做好确保水资源安全的应急预案。

(2) 充分借鉴日本福岛核事故善后工作的有关经验反馈，尤其是放射性污水贮存、封堵、处理以及放射性污染源与水体实体隔离的有效措施。

(3) 结合选择的堆型以及厂址条件，制定具体内陆核电站的应急预案。

(4) 作为纵深防御的最后一次层次，应急预案中可以采取各种灵活的、可行的而不必是昂贵的措施，但需要将应急预案纳入电厂的应急响应计划。

应急预案只能做到对事故后果的缓解，不能从根本上消除核事故的发生。考虑到我国人口分布的特点，在对核电站进行选址时，应对核电站外围地带的人口密度、人口分布等有明确的要求。根据《核动力厂环境辐射防护规定》(GB 6249—2011)，核动力厂应尽量建在人口密度相对较低、离大城市相对较远的地点。在核动力厂周围 5 km 之内不应有 1 万人以上的乡镇，厂址半径 10 km 范围内不应有 10 万人以上的城镇。

4.1.5 小结

为了满足最严格水资源管理的要求，保障水资源的安全，在核电站选址过程中，最需要考虑的因素是水力弥散条件的好坏。各种设计基准的设定、应急措施的可行性等也需要加以考虑。

核电站是用水大户，应布局在水资源相对丰富的地区，从而满足核电站各种用水的保证率要求。通过水资源论证工作以及实行取水许可制度，在内陆核电站取水得到保证的同时，避免与周围其他用水户的用水矛盾。我国目前有 30 个内陆厂址 (26 个滨河，4 个滨水库)。滨河核电站绝大部分选择在水资源较为丰富的长江流域、珠江流域和松花江流域，稀释扩散能力较好。在 4 个滨水库厂址中，水库的库容均在 10 亿 m^3 以上，属于大 (1) 型水库，可以保证电厂运行的取水要求。

30 个内陆核电站下游最近公共饮用水水源取水点至厂址距离，只有 5 个在 7～10km 的范围，其余均大于 10km。只要使这些核电站排放口下游 1km 处的水体浓度满足《核动力厂环境辐射防护规定》(GB 6249—2011) 中的浓度要求，再经过一定距离的稀释扩散，就可以很好地满足国家规定的生活饮用水标准，对水资源的影响可以忽略。

我国对于洪水、地震等外部事件的设计基准设定得较严。我国内陆核电站厂址一般都选择在低地震活动性地区。在防洪设计方面，目前我国核电选址，尤其是内陆厂址，一般均采用天然基岩作为核岛地基，为“干厂址”。这些厂址拟定的厂坪标高均有很大的安全裕度，可以保证核电站免受洪水危害。

针对核电站事故这种小概率事件，秉持着预防和缓解并重的理念，制定严重事故工况下确保水资源安全的应急预案，着重强调放射性污水贮存、封堵、处理、隔离的有效措施，多层次、全方位地保障水资源的安全。在核动力厂周围 5 km 之内不应有 1 万人以上的乡镇，厂址半径 10 km 范围内不应有 10 万人以上的城镇。

通过上述这些措施，可以认为，内陆核电站对于水资源安全的影响是可控的、能够接受的。

4.2 水资源安全的评估方法

4.2.1 评估目的

核电水资源安全评估旨在使水资源管理部门更加了解核电站的运行模式及对水资源安全的影响程度，以便有效地应对各种突发事件，及时开展相应的水资源安全保障措施，从而确保水资源的安全，提高水资源管理部门的技术水平。

4.2.2 综合评估方法

综合评估（Comprehensive Evaluation）指对以多属性体系结构描述的对象系统作出全局性、整体性的评估，即对评估对象的全体，根据所给的条件，采用一定的方法给每个评估对象赋予一个评估值，再据此择优或排序。

4.2.2.1 评估方法的比选

国内外大批学者对综合评估方法的不断探索和研究，其研究成果呈现百花齐放、百家争鸣的局面。以下介绍主要的综合评估方法。

1. 数理统计方法

主成分分析（Principal Component Analysis）、因子分析（Factor Analysis）、聚类分析（Cluster Analysis）等方法均属于数理统计方法。数理统计方法不依赖于专家判断，优点是可以排除评估中人为因素的干扰和影响，缺点为该方法给出的评估结果仅对方案决策或排序比较有效，并不反映现实中评估目标的真实重要性程度。

2. 数据包络分析方法

数据包络分析（Data Envelopment Analysis，DEA）方法是以相对效率概

念为基础，根据多指标投入和多指标产出对相同类型的单位（部门或企业）进行相对有效性或效益评估的一种新方法。该方法由著名运筹学家查恩斯（A. Charnes）、库伯（W. W. Cooper）以及罗兹（E. Rhodes）在1978年提出，即C^2R模型，用于评估部门间的相对有效性。随后DEA方法不断得到完善并在实际中被广泛运用，特别是在对非单纯营利的公共服务部门，如学校、医院，某些文化设施等的评估方面被认为是一个有效的方法。

该方法的优点是模型结构清楚，但应用范围限于一类具有多输入多输出的对象系统的相对有效的评估，对于有效单元所能给出的信息较少。

3. 层次分析评估方法

层次分析法（Analytic Hierarchy Process，AHP）是20世纪70年代初期由美国著名运筹学家匹兹堡大学萨蒂（T. L. Saaty）教授首次提出的。该方法是定量分析与定性分析相结合的多目标决策分析方法，将数学处理与人的经验和主观判断相结合，能够有效地分析目标准则体系层次间的非序列关系，有效地综合测度评估决策者的判断和比较。

其基本原理是根据具有递阶结构的目标、子目标（准则）、约束条件及部门等来评估方案，用两两比较的方法确定判断矩阵，把判断矩阵的最大特征根对应的特征向量的分量作为相应的系数，最后综合出各方案各自的权重。由于该方法简单、实用，在城市规划、经济管理、教育管理、科研成果评估、社会科学、资源分配和冲突分析等许多领域得到广泛的应用。

该方法由评估者对照一个相对重要性函数表给出因素两两比较的重要性等级，因而可靠性高、误差小。不足之处是遇到因素众多、规模较大的问题，判断矩阵难以满足一致性要求，它的应用也就限于因素子集中的因素不超过9个的对象系统。

4. 模糊数学分析评估方法

美国控制论专家扎德（L. A. Zdahe）在20世纪60年代研究多目标决策中，同享有“动态规划之父”盛誉的南加州大学教授贝尔曼（R. E. Bellman）一起提出了模糊决策的基本模型，并于1965年在杂志*Information and Control*上发表了著名论文，标志着模糊理论的产生。模糊理论由于打破了形而上学的束缚，既认识到事物的“非此即彼”的明晰性形态，又认识到事物的“亦此亦彼”的过渡性形态，因而具有更为广泛的适用范围。

模糊综合评估（Fuzzy Comprehensive Evaluation）方法用于评估涉及模糊因素的对象系统。对某一评估对象集和评估指标集，给出各指标对应的各评估对象的隶属度，可得到模糊综合评估矩阵；经过模糊综合评估矩阵与各指标的权系统向量运算，就得到评估结果。该方法可以较好地解决综合评估中的模糊性（如事物类属间的不清晰性，评估专家认识上的模糊性等），在许多领域得到了应用。

该法的优点是适宜于对涉及模糊因素的系统进行评估，更适宜于评估因素多、结构层次多的对象系统，不足之处是该法不能解决评估指标间相关造成的评估信息重复问题，隶属函数的确定人为选择，没有系统明确的方法，对同一评估对象，不同研究者选择的隶属度不同，会产生不同的评估结果。

5. 集对分析评估方法

20 世纪 60 年代初，赵克勤提出了集对分析理论，产生了将集合论运用于自然辩证法的想法，经过多年研究，1989 年正式提出新的不确定性理论——集对分析。该理论自提出以来，已经被广泛应用于各行各业之中。该理论是在“不确定性与确定性共同处于一个统一体之中”的认识基础上，第一次将事物的确定性和不确定性作为一个系统加以处理，并用联系度表示。

集对分析研究的核心是由联系度所引申的联系数，它所刻画的量是微观层次上处于不确定状态，而在宏观层次上处于可确定状态的量。从宏观层次与微观层次中确定与不确定的分布次序，可推得存在一种宏观和微观两个层次上都不确定的超不确定量。

6. 灰色系统理论评估方法

1945 年，维纳在研究电机工程时，首先提出了黑箱问题，灰色系统是黑箱概念的一种推广。其实，大系统的复杂性和规模性使得系统的信息不完全，其不确定性主要是体现信息的缺乏。灰色系统理论是研究和解决这类问题的有效方法模型。

灰色系统理论是研究解决灰色系统分析、建模、预测、决策和控制的理论，是 20 世纪 80 年代初由华中理工大学自动控制与计算机系邓聚龙教授提出的。灰色系统理论把一般系统论、信息论、控制论的观点和方法延伸到社会、经济、生态等抽象系统，运用数学方法，发展了一套解决信息不完备系统即灰色系统的理论和方法。从本质上说，该理论是用数学方法解决信息缺乏不确定性理论。灰色系统是通过处理灰元使系统从结构上、模型上、关系上由灰变白，不断加深对系统的认识、获取更多的有效信息。其任务是利用少数数据建模，目标是建立微分方程模型，以时间序列表征行为特点，具有动态性，致力于现实规律的探讨。其核心是灰色模型，这是灰色预测、决策、控制的基础。灰色系统理论方法自提出以来，得到了飞速的发展，已经渗透到自然科学和社会科学的许多领域，完成了大量的农业、气象、环境、水利、军事、经济、交通、人口、生态、石油、化工、政策、情报、医学、材料、水产等领域中的重大课题。

灰色关联分析（GRA）是一种多因素统计分析方法，它是以各因素的样本数据为依据，用灰色关联度来描述因素间关系的强弱、大小和次序的。如果样本数据列反映出两因素变化的态势（方向、大小、速度等）基本一致，则它们之间的关联度较大；反之，关联度较小。

与传统的多因素分析方法（相关、回归等）相比，灰色关联分析对数据要求较低且计算量小，便于广泛应用。

7. *物元分析*

物元分析（Material-units Analysis）方法是由蔡文于1953创立，物元分析是研究解决矛盾问题的规律和方法，理论框架有两个支柱，一个是研究物元及其变化的物元理论，另一个是建立在可拓集合的基础上的数学工具。

物元是可拓学的逻辑细胞，是描述事物的基本元，是由事物的名称、特征及相应的量值构成的有序三元组，即R—（事物的名称、特征的名称、量值），简记为R—（N，C，V），这就是物元的三要素，也可以称为问题的关键要素。正确地分析和把握关键要素是制定正确的关键策略的前提和基础。从物元理论的观点来看，关键要素分为关键事物、关键特征和关键量值。

物元分析已经在宏观决策方面取得了可喜的应用成效，在价值工程、新产品构思、经济管理、决策分析、人工智能等方面显示了一定的应用前景。

8. *系统动力学方法*

系统动力学（System Dynamics）是一种定性与定量相结合，系统、分析、综合与推理集成的方法，能够全面模拟分析各类复杂系统的结构与功能的内在关系以及模拟不同决策下的长远动态，擅长处理高阶与非线性问题，可以较好地把握系统的各种反馈关系，适宜于客观的长期动态趋势研究。其实质上是通过设置变速率方程对系统的一系列因果反馈回路进行动态模拟，从而定量给出系统的整体行为表现。

9. *水贫困指数*

由于水安全问题涉及资源、环境、生态、社会、政治、经济等多方面因素，包含了定量与定性的成分，很难用一两个指标来评估。为了监测水行业发展状况，英国生态与水文中心（Center for Ecology & Hydrology，CEH）提出的一种新的水管理评估技术——水贫困指数（Water Poverty Index，WPI ）。正如在经济领域，消费者价格指数（Consumer Price Index，CPI）是经济发展的晴雨表一样，WPI指数为水行业的发展提供一个标准化的评估框架，可以帮助我们更好地弄清怎样进行水的管理才能满足需要。WPI适用于不同的尺度，而且对于一个地区或国家，构成指数的每个指标的数据均较易获取。

WPI由资源（Resource，R）、途径（Access，A）、利用（Use ，U）、能力（Capacity，C）和环境（Environment，E）5个分指数组成，WPI及5个分指数的取值范围为0～100，指数取值越大表示状况越好。

WPI是一个在多学科综合的基础上形成的，它将经济发展、社会保障与安全、水供给等多方面的因素联系起来，反映了水资源短缺对人类的影响，便于水资源管理者监测可供给水量的变化，以及影响获取与使用水资源的社会经济因素的变化，从而为建立水安全保障体系提供必要的水资源量和社会经济发展状况的综合信息。

由于核电对水资源安全影响的特殊性、多元性，本书采用层次分析评估方法对水资源安全影响构建评估体系并作出评估。

4.2.2.2 层次分析法

层次分析法是一种系统的分析方法。它把研究对象作为一个系统，按照分解、比较判断、综合的思维方式进行决策，成为继机理分析、统计分析之后发展起来的系统分析的重要工具。系统的思想在于不割断各个因素对结果的影响，而层次分析法中每一层的权重设置最后都会直接或间接影响到结果，而且在每个层次中的每个因素对结果的影响程度都是量化的，非常清晰、明确。这种方法尤其可用于对无结构特性的系统评价以及多目标、多准则、多时期等的系统评价。层次分析法把定性方法与定量方法有机地结合起来，将复杂的系统分解，能将人们的思维过程数学化、系统化，便于人们接受，且能把多目标、多准则又难以全部量化处理的决策问题化为多层次单目标问题，通过两两比较确定同一层次元素相对上一层次元素的数量关系后，最后进行简单的数学运算。即使是具有中等文化程度的人也可了解层次分析的基本原理和掌握它的基本步骤，计算也非常简便，并且所得结果简单明确，容易为决策者了解和掌握。层次分析法主要是从评价者对评价问题的本质、要素的理解出发，比一般的定量方法更讲求定性的分析和判断。由于层次分析法是一种模拟人们决策过程的思维方式的一种方法，层次分析法把判断各要素的相对重要性的步骤留给了大脑，只保留人脑对要素的印象，化为简单的权重进行计算。这种思想能处理许多用传统的最优化技术无法着手的实际问题。但是，层次分析法指标过多时数据统计量大，且权重难以确定。

层次分析法首先需建立层次结构模型，将决策问题分为几层，通过相互比较确定各准则层对于目标的权重，及各指标对于每一个准则的权重，再将指标层对准则层的权重及准则层对目标层的权重进行综合，最终确定指标层对目标层的权重。

1. 建立递阶层次结构

这是层次分析法中最重要的一步。首先，把复杂问题分解为称之为元素的各组成部分，把这些元素按属性不同分为若干组，以形成不同层次。

2. 构造两两比较判断矩阵

在这一步中，按一定的准则，比较两个元素 A_i 和 A_j 哪个更重要，根据重要性赋予一定数值，使用 1～9 比例尺度（表 4.3），对于 N 个元素来说，得到两两比较判断矩阵 $\mathbf{A}$：

$$\mathbf{A}=(a_{ij})_{n\times n}\quad a_{ij}=\frac{A_i}{A_j} \tag{4.1}$$

判断矩阵应具有如下性质：①$a_{ij}>0$；②$a_{ij}=1/a_{ji}$；③$a_{ii}=1$（自己比自己故等于1）。

表4.3　两两比较判断矩阵比例尺度

尺度	含　义	尺度	含　义
1	第 i 个因素与第 j 个因素的影响相同	7	第 i 个因素比第 j 个因素的影响明显强
3	第 i 个因素比第 j 个因素的影响稍强	9	第 i 个因素比第 j 个因素的影响绝对地强
5	第 i 个因素比第 j 个因素的影响强		

注　2、4、6、8表示第 i 个因素相对于第 j 个因素的影响介于上述表中两个相邻等级之间。

3. 计算特征根和特征向量

由于判断矩阵的特殊性，计算特征向量可采用如下两种近似算法。

（1）方根法。

首先，计算矩阵各行元素的积：

$$M_i=\prod_{j=1}^{n}a_{ij} \tag{4.2}$$

然后，计算 M_i 的 n 次方根 B_i 并得到新的向量 $\boldsymbol{B}$：

$$B_i=\sqrt[n]{M_i} \tag{4.3}$$

$$\boldsymbol{B}=(B_1,B_2,\cdots,B_n)^{\mathrm{T}} \tag{4.4}$$

对各 B_i 进行归一化得：

$$w_i=\frac{B_i}{\sum_{k=1}^{n}B_k} \tag{4.5}$$

最后得特征向量为：

$$\boldsymbol{W}=(w_1,w_2,\cdots,w_n)^{\mathrm{T}} \tag{4.6}$$

（2）和积法。

类似方根法先求得各行的平均值：

$$B_i=\frac{\sum_{j=1}^{n}B_{ij}}{n} \tag{4.7}$$

类似方根法算出特征向量。

这两种计算特征量的方法，计算结果不相上下。方根法精度略高于和积法。

在求得特征向量后，按如下的近似方法，计算最大特征值 $\lambda_{\max}$。

首先，计算判别矩阵 $\boldsymbol{A}$ 和特征向量 $\boldsymbol{W}$ 的乘积：

$$\boldsymbol{A}\times\boldsymbol{W}=\begin{bmatrix}1 & a_{12} & \cdots & a_{1n}\\ a_{21} & 1 & \cdots & a_{2n}\\ \vdots & \vdots & & \vdots\\ a_{n1} & a_{n2} & \cdots & 1\end{bmatrix}\times\begin{bmatrix}w_1\\ w_2\\ \vdots\\ w_n\end{bmatrix}=\begin{bmatrix}g_1\\ g_2\\ \vdots\\ g_n\end{bmatrix} \tag{4.8}$$

然后计算最大特征值 $\lambda_{\max}$：

$$\lambda_{\max} = \sum_{i=1}^{n} \frac{(AW)_i}{n W_i} \tag{4.9}$$

4. 进行一致性检验

一致性检验的指标为一致性比例 R_C，其定义为

$$R_C = I_C / I_R \tag{4.10}$$

其中

$$I_C = (\lambda_{\max} - n)/(n-1) \tag{4.11}$$

式中：I_C 为一致性指标；I_R 为平均随机一致性指标，此值与矩阵阶数有关，按表4.4所列值计算。

检验的标准是，$R_C<0.1$ 时可以认为判断矩阵是可以接受的。

表4.4　I_R 与矩阵阶数关系表

阶数	1	2	3	4	5	6	7	8	9	10	11	12	13	14	15
I_R	0	0	0.52	0.89	1.12	1.26	1.36	1.41	1.46	1.49	1.52	1.54	1.56	1.58	1.59

4.2.3 评估指标选择原则

（1）科学认知原则。基于现有的科学认知，可以基本判断其变化驱动原因的评估指标。

（2）数据获取原则。评估数据可以在现有监测统计结果基础上进行收集整理，或采用合理（时间和经费）的补充监测手段可以获取的指标。

（3）评估标准原则。基于现有成熟或易于接受的方法，可以制定相对严谨的评估标准的评估指标。

（4）相对独立原则。选择评估指标内涵不存在明显的重复。

4.3 水资源安全影响评估体系

核能发展与最严格的水资源管理制度都是为了确保我国经济的可持续发展而确定的国家发展战略。最严格的水资源管理制度明确了水资源开发利用、用水效率控制、水功能区限制纳污这三条红线。核电站用水量大，用水保证率高，同时低水平放射性废液的排放需要足够的稀释水量和水动力学条件。怎样协调好核能发展与最严格水资源管理制度之间的关系，是水资源管理部门亟须解决的问题之一。

目前核电规划制定、核电站选址确定及核电站核准等工作主要由国家能源局负责，水利部门并未参与。在《核电厂初步可行性研究报告内容深度规定》（NB/T 20033—2010）中关于水资源问题，只提到核电选址阶段应特别注意供水水源所属区域的水功能区划、水环境功能区划或海洋功能区划协调性，并未充分考虑到区域水资源承载能力、现状和未来水资源配置、用水结构等问题。一

且核电站厂址列入规划，对于水资源承载能力、水资源配置等问题，水利部门只能被动接受，难以从根本上解决水资源可持续利用的矛盾。

我国现行与核电站选址有关的法规、标准体系已经明确了水域环境功能区划相容性、饮用水水源地的保护等内容。水利部门应以这些条文作为切入点，尽早介入核电站的选址过程，从水资源管理的角度提出核电站厂址适宜性的评估方法以及相应的指标体系。

核电的选址可分为初步可行性研究（初可研）阶段及可行性研究（可研）阶段。本节所提出的核电选址对水资源安全影响评估方法主要服务于初可研阶段，主要从核电的用水总量、受纳水体的纳污能力等方面提出一系列的指标，以符合性指标为主（表 4.5），用于鉴定核电选址的适宜性，排除那些决定性的、颠覆性的不利因素。而可研阶段的评估可以参照现行的核电水资源论证制度。

表 4.5 核电站选址阶段对水资源安全的影响评价指标体系

<table>
<tr><th>评价目标</th><th colspan="2">评价类别</th><th>评 价 指 标</th></tr>
<tr><td rowspan="25">核电站选址阶段对水资源安全的影响</td><td rowspan="14">取水评估指标</td><td rowspan="2">区域水资源的紧缺程度</td><td>区域用水总量剩余指标占总指标的百分比</td></tr>
<tr><td>核电取水占区域用水总量剩余指标的百分比</td></tr>
<tr><td rowspan="2">核电用水效率</td><td>万元工业增加值用水量</td></tr>
<tr><td>北方缺水地区是否采用空冷技术</td></tr>
<tr><td rowspan="4">农业影响</td><td>受影响灌溉面积农业节水率提高率</td></tr>
<tr><td>灌溉面积受影响程度</td></tr>
<tr><td>多年平均灌溉用水量减少百分比</td></tr>
<tr><td>受影响方满意度</td></tr>
<tr><td rowspan="2">工业影响</td><td>影响工业用水量减少百分比</td></tr>
<tr><td>受影响方满意度</td></tr>
<tr><td rowspan="2">生活影响</td><td>影响生活用水量减少百分比</td></tr>
<tr><td>受影响方满意度</td></tr>
<tr><td>生态影响</td><td>生态流量</td></tr>
<tr><td rowspan="5">退水评估指标</td><td rowspan="5">退水评估指标</td><td>排污总量</td></tr>
<tr><td>排污（放）口浓度</td></tr>
<tr><td>排污口下游浓度</td></tr>
<tr><td>纳污能力</td></tr>
<tr><td>排放口设置</td></tr>
<tr><td rowspan="3">水资源条件指标</td><td rowspan="3">水资源条件指标</td><td>水域环境规划相容性</td></tr>
<tr><td>水源保护</td></tr>
<tr><td>人口布局</td></tr>
<tr><td rowspan="3">核事故应急指标</td><td rowspan="3">核事故应急指标</td><td>应急计划</td></tr>
<tr><td>放射性废液的存储</td></tr>
<tr><td>辐照剂量</td></tr>
</table>

4.3.1 取水评估指标

1. 区域用水总量剩余指标占总指标的百分比

区域用水总量剩余指标占总指标的百分比主要反映区域现状水平年及规划水平年取水紧缺程度：

$$区域用水总量剩余指标占总指标的百分比=\frac{区域用水总量剩余指标}{区域用水总量指标}\times 100\% \tag{4.12}$$

2. 核电取水占区域用水总量剩余指标的百分比

核电取水占区域用水总量剩余指标的百分比反映核电取水对区域水资源安全的影响：

$$\begin{matrix}核电取水占区域用水\\总量剩余指标的百分比\end{matrix}=\frac{区域用水总量剩余指标-核电设计取水量}{区域用水总量剩余指标}\times 100\% \tag{4.13}$$

3. 万元工业增加值用水量

核电项目应对区域万元工业增加值用水量进行评估，将工业用水效率指标与区域对比、与区域同行业对比，并设定合理的否定界限，如应高于平均水平的 50%，反之，则影响水资源安全，不能开工建设。

4. 北方缺水地区是否采用空冷技术

由于北方地区水资源量紧缺，而南方地区因空气湿度大不适宜采用空冷技术，因此，参照火电站设计，强制要求在北方缺水地区核电站设计需采用空冷技术。

5. 受影响灌溉面积农业节水率提高率

受影响灌溉面积农业节水率提高率主要评估核电取水对农业灌溉水利用系数的影响。受影响灌溉面积农业节水率应满足农田灌溉水有效利用系数提高到 0.6 以上。核电站的取水促使农业节水，因此其影响为积极作用，取正分。

$$\begin{matrix}受影响灌溉面积\\农业节水率提高率\end{matrix}=\frac{核电站建设后的农业节水率-核电站建设前的农业节水率}{核电站建设前的农业节水率} \tag{4.14}$$

6. 灌溉面积受影响程度

受影响灌溉面积一般为与核电站取水水源一致的所有灌溉面积。受影响程度以 10 万公顷为基数求得百分值。其影响为负面效应，取负分。

$$灌溉面积受影响程度=\frac{受影响灌溉面积}{10\text{ 万公顷}}\times 100\% \tag{4.15}$$

7. 多年平均灌溉用水量减少百分比

多年平均灌溉用水量减少百分比反映核电站取水对农业灌溉的影响。在水资源不够充沛的地区，核电站的建设势必会对其他用水户产生用水影响。核电站的取水导致农业用水的减少，故取负分。

$$\text{多年平均灌溉用水量减少百分比}=\frac{\text{核电站建设前多年平均灌溉用水量}-\text{建成后用水量}}{\text{核电站建设前多年平均灌溉用水量}}\times 100\% \tag{4.16}$$

8. 影响工业用水量减少百分比

该指标从水量上反映核电站取水对工业用水的影响。在水资源不够充沛的地区，核电站取水会对其他用水户产生用水影响。核电站的取水导致工业用水的减少，故取负分。

$$\text{影响工业用水量减少百分比}=\frac{\text{核电站建设前工业用水量}-\text{建成后工业用水量}}{\text{核电站建设前工业用水量}}\times 100\% \tag{4.17}$$

9. 影响生活用水量减少百分比

该指标从水量上反映核电站取水对生活用水的影响。在水资源不够充沛的地区，核电站取水会对其他用水户产生用水影响。核电站的取水导致生活用水的减少，故取负分。

$$\text{影响生活用水量减少百分比}=\frac{\text{核电站建设前生活用水量}-\text{建成后生活用水量}}{\text{核电站建设前生活用水量}}\times 100\% \tag{4.18}$$

10. 受影响方满意度

受影响方满意度反映公众对评估核电站取水对农业影响的满意度。该指标采用公众参与调查统计的方法进行，对评估核电站所在城市的公众、当地政府、环保、水利等相关部门发放公众参与调查表，通过调查结果的统计分析，确定评估公众对河流的综合满意度。受影响方满意度从正分到负分。

11. 生态流量

生态流量是指水流区域内保持生态环境所需要的水流流量，是维持下游生物生存生态平衡的最小的水流量。

4.3.2 退水评估指标

1. 排污总量

核电站的设计放射性核素排污总量是否满足国家标准，如不满足则需改进核电站的放射性废物处理工艺，直至符合国家标准。

2. 排污（放）口浓度

核电站的排污口的设计放射性核素排放浓度是否满足国家标准，如不满足则需改进核电站的放射性废物处理工艺，直至符合国家标准。

3. 排污口下游浓度

核电站排污口下游1km处水体断面的放射性核素浓度是否满足国家标准，如不满足则需改进核电站的放射性废物处理工艺，直至符合国家标准。该浓度应用核电站的设计排放源项，根据具体受纳水体的特性，采用合适的模型进行估算。

4. 纳污能力

是否满足水功能区要求，受纳水体是否有足够的纳污能力，如不满足则需改进核电站的排放工艺，做到放射性废液的零排放。

5. 排放口设置

核电站设置的总排放口附近是否有集中式取水水源保护区、经济鱼类产卵场、洄游路线、水生生物养殖场等环境敏感点，若不满足则需重新对排放口的位置进行设置，或者改进核电站的排放工艺，做到放射性废液的零排放，或者协调整改已有的用水布局，做好相应的补偿工作。

4.3.3 水资源条件指标

1. 水域环境规划相容性

核电站厂址是否与已有的水功能区划相匹配；若不匹配则需重新选择合适的厂址。

2. 水源保护

核电站厂址周围是否有饮用水水源保护区、自然保护区、风景名胜区等环境敏感区；若有则需重新选择合适的厂址。关于安全距离的取值需要做进一步详细的研究。

3. 人口布局

核电站厂址周围5 km的范围内是否有1万人以上的乡镇，厂址周围10 km范围内是否有10万人以上的城镇；若有则需重新选择合适的厂址。

4.3.4 核事故应急指标

1. 应急计划

是否有针对水资源保护的核事故应急计划；若没有则需补充相应的核事故应急计划，若有则需检测应急计划的可行性及落实情况。

2. 放射性废液的存储

核电站厂址是否设计有足够的放射性废液存储设备；若不够则需增加相应的存储设备。关于具体存储容积的指标，需要作进一步的研究。

3. 辐照剂量

在发生选址假想事故时，规划限制区边界（反应堆周围5 km的范围）上的任何个人在事故的整个持续时间内（可取 30 d）所接受的有效剂量是否大于 0.25mSv，在事故的整个持续期间内，厂址半径 80 km 范围内公众群体接受的集体有效剂量是否大于 20000 人·Sv；若大于规定剂量则需改进反应堆的安全系统，制定更有效的事故缓解措施。

4.4 核电站取水对水资源安全影响的预测

核电站取水对水资源安全的影响主要体现在对水资源配置、生态及其他用水户的影响。

当核电厂附近没有足够的可供水量供核电站使用的时候，需要进行水资源配置以满足核电站用水。其方法一般有农灌节水、建设新的水源工程、调整区域供水格局、使用海水淡化等非常规水源等。农业灌溉节水措施包括提高灌溉水利用系数和改变种植结构。提高灌溉水利用系数的途径包括提高渠系水利用系数和改变灌溉方式。一般通过灌溉渠道防渗提高灌溉渠系水利用系数。通过采用喷灌、滴灌等节水灌溉方式节水。必要的时候可以通过改变种植结构，减少作物净灌溉定额来节水。这促使提高灌溉水利用系数、促使农灌节水、改变作物种植种类，还可能在枯水年份减少灌溉用水量，进而影响作物产量。总之，核电站取水促使农灌节水、减少枯水期灌溉用水量；影响工业用水和生活用水的情况较少。如果影响工业用水，一般需要给工业配置新的水源，也可通过工业节水解决。如果影响生活用水，则必须配置新的水源。

对生态的影响。核电站取水可能造成水库下泄水量减少、下泄流量过程改变，进而影响下游河流生态系统，影响河流纳污能力。

总之，核电站取水对水资源的可能影响为：促进农灌节水，减少枯水年份农灌用水，促进工业节水，影响区域水资源配置，影响下游河流生态系统，影响河流纳污能力。因此，核电站运行阶段必须对核电站取水水源、取水量、受影响灌溉面积农业节水率提高率、纳污能力等多项指标进行评估。

4.4.1 滨海核电站取水影响案例

4.4.1.1 红沿河核电站二期工程施工取水

1. 基本情况

建设项目名称：辽宁红沿河核电站二期工程（5 号、6 号机组）。

建设项目性质：核电站建设工程，施工期临时取水。

建设规模：2×CPR1000 压水堆核电机组。

水平年：现状水平年为 2008 年，规划水平年为 2015 年。

红沿河核电站二期工程施工期最大年取水量37.5万m^3。由于一期工程施工期取水和二期工程交叉，计入红沿河核电站一期工程施工期余下工期的取水量，一、二期工程施工期合计年最大取水量为60万m^3。红沿河二期施工用水拟以东风水库为水源。

论证范围：分析范围为复州河流域和红沿河流域；取水水源论证范围为复州河东风水库坝址以上流域；取水影响论证范围为复州河东风水库坝址以下流域；由于核电工程运行期和施工期不设入河排污口，退水全部排入复州湾海域，退水影响论证范围为温坨子厂址岸线向海延伸2km内的海域。

2. 项目取水对区域水资源的影响

东风水库位于瓦房店市主要河流复州河中游，坝址以上集水面积663km^2，水库总库容为14175万m^3，水库正常蓄水位53.0m，相应库容10340万m^3，死水位40.0m，相应库容970万m^3，调节库容9370万m^3。自2001年以来东风水库年末蓄水量为4370万～8560万m^3，1999—2003年复州河流域连续5年遭遇特枯年，2002年年末东风水库蓄水量最低只有4370万m^3。红沿河核电二期工程施工期年最大取水量37.5万m^3，仅约占东风水库最小可用库容的1.1%。红沿河核电二期工程施工期取水对于东风水库水域水量和水位的影响很小，对库区水域功能和纳污能力不会构成显著影响。

红沿河核电二期工程施工期最大年取水量37.5万m^3，占复州河流域地表水资源量的1.1‰，占流域现状供水量的3.4‰，占瓦房店市多年平均地表径流量的0.6‰，占市域现状供水量的2.1‰，占东风水库多年平均来水量的3.3‰，占兴利库容的4.0‰，且该建设项目施工期用水总量有限，用水持续时间只有数年，用水量逐步减少，退水不通过河道，退水全部排入复州湾海域。所以，红沿河核电站二期工程施工期取水在复州河上的东风水库取水，不会对论证范围内水量时空分布和水文情势产生明显影响，对区域整体的水资源状况更不会构成明显影响。

如果计入红沿河核电一期工程施工期余下工期的取水量，一、二期工程施工期合计年最大取水量为60万m^3，也不会对论证范围内水量时空分布和水文情势以及区域整体的水资源状况构成明显影响。

3. 项目取水对其他用户的影响

(1) 对东风灌区用水的影响。

东风水库原是一座以灌溉、防洪为主，兼有工业供水、发电、养殖等综合利用功能的大型水库。但目前东风水库已发挥着日益重要的供水作用：除向红沿河核电一期工程施工期供水工程外，也是其他企业的自备水源，引东入瓦工程、引东入长工程、引东入松工程均已建成。引东入瓦工程、引东入长一期工程的建成，标志着东风水库已成为瓦房店市区和长兴岛临港工业区的应急备用水源；引东入松工程也已开始供水。长兴岛临港工业区二期供水工程建成前，在莲花水库库容不足时，东风水库还承担着向莲花水库补水以供长兴岛用水的任务。目前，对于东风水库的功能调整和水量分配问题，瓦房店市政府和水行政主管部门尚未形成正式意见。

东风灌区范围为复州河松树水库以下至复州河河口河道两岸及瓦房店市西北严重干旱缺水地区（阎店、西杨）。灌区取水水源为复州河流域东风、松树等水库及沿岸引提工程。灌区原设计灌溉面积为30.93万亩，其工程建设原计划于1996年开始分年逐步实施，但有关规划未获得审批，灌区建设多年未取得明显进展。2008年东风灌区实际灌溉面积约21万亩，其中1.68万亩水田由东风水库供水。在《瓦房店市水资源综合规划》中，并未预计未来东风灌区水田灌溉面积有明显增长，也没有相应的水资源配置安排。

东风灌区未来如何发展尚无明确结论，需要密切关注有关水利投入、农业政策和灌区种植结构等的变化情况。如果灌区建设进度加快，实际灌溉面积有所增长，尤其是水稻种植面积有显著增长的话，需要东风水库提供的供水量将大幅增加，则对于其他用水户的供水无疑将构成影响。如果东风水库其他用水户的供水量增长迅速，也将制约东风灌区的发展。

按照调算时采用的来水系列和需水预测结果，东风灌区现状由东风水库灌溉的农田有相当高的供水保证率，该核电工程施工取水对其没有影响。

(2) 对东风水库以下复州河流域其他用水户的影响。

长系列调节计算分析的结果表明：东风水库—河口区间各用水户多年平均存在不同程度的缺水状况。其中，支流九道河流域和九龙水库以下岚崮河流域的缺水问题，既有枯水年来水量少的影响，也有水利工程不足的制约。复州河干流农村菜田和林果灌溉在枯水年也存在一定程度的缺水状况，这主要是由当地水资源条件决定的。调节计算结果表明，即使红沿河核电工程施工不从东风水库取水，东风水库—河口区间各用水户多年平均缺水量也不会明显减少。

红沿河核电工程施工在东风水库取水对东风水库—河口区间其他用水户不构成明显影响。

(3) 对瓦房店市区生活和工业用水的影响。

依据《中华人民共和国水法》有关水资源配置的要求，在枯水年东风水库将优先保证生活用水。松树水库、东风水库长系列调算的结果表明，辅以部分地下水供水，瓦房店市区生活和工业实际供水保证率均能得到保障，所以红沿河核电站二期工程施工期取水对东风水库向瓦房店市区供水不构成影响。

根据有关规划，瓦房店市区以松树水库为主要水源，辅以东风水库供水和必要的地下水，通过大力建设节水型社会，加之大伙房水库输水应急入连工程之碧流河水库南段工程已于2010年6月试通水成功，所以至规划水平年（2015

年）瓦房店市区的生活和现有工业用水的需求是可以得到保障的，不会受到红沿河核电站二期工程施工期建设期取水的影响。

(4) 对长兴岛和松木岛用水的影响。

长兴岛临港工业区目前虽已建成引东入长工程，但仍只以岛内地表、地下水源以及仙浴湾镇的莲花水库来满足用水需求。按照规划安排，大伙房水库输水应急入连工程之碧流河水库南段工程已于2010年6月建成，在长兴岛临港工业区二期供水工程2011年竣工后，将向长兴岛临港工业区供水。东风水库原只是长兴岛临港工业区的应急供水水源，由于有大伙房供水的保障，红沿河核电站二期工程施工期在东风水库取水对于长兴岛临港工业区不构成影响。

松木岛化工园区目前以东风水库作为主要供水水源，还曾有规划提出借助引东入松工程增加向瓦房店市南部乡镇的供水能力。近年引东入松工程最大供水量约为1.5万m^3/d，由于有部分生活供水任务，松木岛化工园区用水比核电工程施工期用水有一定的优先权。在维持目前引东入松工程实际供水规模的情况下，东风水库对于引东入松工程和核电工程施工期的供水保证率要求均可满足。核电工程施工期在东风水库的取水量不大，瓦房店市区、瓦轴以及东风灌区在东风水库的取水量均远大于核电工程，如果松木岛化工园区在东风水库取水受到其他用水户的影响，核电工程也只是影响最小的一方。按照有关规划安排，松木岛化工园区也是大伙房水库输水应急入连工程之碧流河水库南段工程的供水对象。如果松木岛化工园区继续在东风水库取水，且今后随着园区发展取水规模将逐步扩大，将对下游农业灌溉造成严重影响，并且东风水库将失去作为瓦房店市区和长兴岛应急备用水源的功能，因此，预期至规划水平年，松木岛化工园区也将由大伙房水库输水应急入连工程之碧流河水库南段工程供水。红沿河核电站二期工程施工期在东风水库取水对于松木岛化工园区几乎不构成影响。

4. 项目取水对生态环境的影响

(1) 对水功能区的影响。

红沿河核电工程施工取水水源东风水库，从水库入口到大坝15.1km长库区被划为复州河东风水库饮用水水源区、农业用水区，水质目标为Ⅱ类。由于瓦房店市区通过回头河排污的影响，2008年水质实测为劣Ⅴ类。红沿河核电工程不设入河排污口，取水口位于该水功能区下边界，取水量是东风水库各用水户中最小的，二期工程施工期年最大取水量仅占东风水库最小可用库容的1.1%，对于该水功能区现状和规划管理要求均没有影响。

东风水库大坝以下至复州大桥24.25km长的干流河段被划为复州河复州城农业用水区，水质目标为Ⅲ类，2008年水质实测为Ⅳ类。该水功能区水质除受上游干流来水影响外，还受到九道河等支流汇水的影响。由于红沿河核电工程施工取水量较小，不在该河段设置入河排污口，所以二期工程取水对于该水功能区现状和规划管理要求也没有影响。

(2) 对下游河道生态的影响。

东风水库以下区间多年平均径流量占复州河流域多年平均径流量的52.7%，开发利用程度相对较低。东风水库以下还有岚崮河、九道河、珍珠河、太阳河等数条较大的支流汇入复州河干流，其中岚崮河为复州河左岸最大的一级支流（流域面积 $343km^2$），九道河为复州河右岸最大的一级支流（流域面积 $154km^2$），河口和下游干流河道的生态流量主要依靠这些支流汇水。下游河道没有较重要的生态保护目标，东风水库从未承担过保障下游河道内生态需水的任务。

由于复州河的水文特性，东风水库难以承担保障下游河道内生态需水的要求。由于核电工程施工期的取水量较小，仅占东风水库多年平均来水量的3.3‰，占兴利库容的4.0‰，规划水平年占以东风水库为水源的生活、生产需水总量的2.2%，对于东风水库下游河道内生态环境需水要求的满足情况不构成影响。

红沿河核电站二期工程施工期取水水源为东风水库，无论是其最大年取水量或者施工期取水总量相对于瓦房店市和复州河流域地表水资源量及东风水库可供水量都很小，是东风水库各用水户中最小的，且取水历时较短（二期工程施工计划在 2016 年完成），至规划水平年，不会对区域水资源状况及其他取水户构成明显不利影响，也不会影响东风水库及其下游河道的水环境、水生态。

4.4.1.2 高温气冷堆示范电站

1. 基本情况

建设项目名称：华能山东石岛湾核电厂高温气冷堆核电站示范工程

建设项目性质：新建

建设规模：1 台 200MW 高温气冷堆核电机组示范工程

水平年。确定 2005 年为现状水平年，2015 年作为近期规划水平年。

取水量。该项目取用八河水库水量，运行期每年 49 万 m^3，保证率 97%；施工期每年 133 万 m^3，保证率 90%。该建设项目拟以八河水库作为供水水源。八河水库在厂址西北约 12km 处。

论证范围。取水水源论证范围为八河水库坝址以上流域范围；取退水影响范围为八河水库大坝下游河口。

2. 项目取水对区域水资源的影响

项目取水量占荣成市现状频率 95%可供水量和八河水库天然水资源量的比

例均为0.7%，对荣成市区域水资源影响不明显。核电站运行期用水量占八河水库坝址以上流域多年平均天然水资源量的0.7%，对八河水库当地水资源的影响不明显；占2015年水平年八河水库频率97%可供水量的7.2%，对八河水库当地水资源有一定影响。

3. 项目取水对其他用户的影响

八河水库在向项目运行期供水49万m^3/a，施工期供水133万m^3/a的情况下，可满足荣成市城区自来水规划用水1460万m^3/a的需要，可满足现状农灌用水需要，2015年水平年可满足7.10万～7.35万亩的农灌用水。项目取水后比取水前2015年水平年减少灌溉面积1.00万亩，比2030年水平年减少灌溉面积0.95万亩。项目取水对八河水库规划农业灌溉面积造成明显影响。

八河水库为河口水库，下游为黄海，下游没有取用该河流河道淡水的用户，因此，项目取水不对下游用户造成明显不利影响。

4.4.1.3　山东海阳核电一期工程

1. 基本情况

建设项目名称：山东海阳核电一期工程

建设项目性质：新建

建设规模：2×1000MWe核电机组

水平年：确定2005年为现状水平年，2015年作为近期规划水平年，2030年为中期规划水平年，2050年作为远期规划水平年。

建设项目一期工程运行期最大年用水量为236万m^3，设计供水保证率为97%；施工期最大年用水量为212万m^3，施工期设计供水保证率可以低于运行期。拟采用盘石水库水源。

论证范围：综合考虑水源工程位置及供水范围、水资源开发利用程度、建设项目取用水可能影响的范围等情况，按照便于水量平衡分析，突出重点、兼顾一般的原则，确定建设项目论证分析范围为海阳市所辖区域，总面积2249.4km^2；取水水源论证范围为盘石水库坝址以上流域范围；取退水影响范围为盘石水库大坝以下留格河干流。

2. 项目取水对区域水资源的影响

海阳市保证率为95%的可供水量为10097万m^3，海阳核电一期工程最大年用水量为236万m^3，仅占可供水量的2.3%左右，就整个区域水资源来说影响不大。

2005水平年，核电站用水量236万m^3，占盘石水库坝址以上流域多年平均天然水资源量为862.6万m^3的27.4%，对盘石水库大坝当地水资源有一定的影响。

3. 项目取水对其他用户的影响

(1) 对水库用户的影响。

盘石水库在向一期工程供水 236 万 m^3/a 情况下，可满足农业灌溉面积为：2005 年 1.28 万亩、2015 年 1.36 万亩、2030 年 1.46 万亩、2050 年 1.50 万亩，较设计灌溉面积 2.91 万亩减少 1.41 万～1.63 万亩，平均 1.51 万亩。核电站一期工程用水对盘石水库农业灌溉面积造成较大影响，需对此进行补偿。

(2) 对下游用户的影响。

1) 盘石水库下游留格河用户。盘石水库下游的留格河干流现在没有取用地表水的工业用户和集中式生活饮水用户，也没有固定的成规模的农灌取水设施，但是有傍河取水的地下水水源地。这些地下水水源地分为沿河居民生活和海阳市第二水厂水源地两类。

沿河居民生活地下水源地是沿河居住的居民生活水源地。盘石水库大坝至徐家泊村约 8000 人使用此地下水水源，年需水量约为 17.5 万 m^3，日需水量约为 479.5m^3。海阳市第二水厂水源地位于留格河中游的留格镇日照村南，设计日供水能力 0.75 万 m^3，实际日供水能力 0.75 万 m^3，相应年水量 273.8 万 m^3；现状实际日供水量 0.2 万～0.3 万 m^3。

2) 核电站项目取水对下游影响分析。在核电站项目取水以前，在 2005 水平年水库灌溉面积 1.7 万亩的条件下，水库多年平均下泄水量 286.9 万 m^3，水库达到设计灌溉面积时下泄水量 153.2 万 m^3。核电站项目用水量 236 万 m^3 后，水库下泄量 242.0 万 m^3。

核电站一期工程取水后的多年平均下泄量大于水库设计灌溉面积的多年平均下泄量，从这个角度看，核电站取水后并没有增加对下游的影响；核电站一期工程取水后的多年平均下泄量，较用水前减少 44.9 万 m^3，减少 15.7%。对比核电站一期工程取水后（简称“核电站取水后”）和前述 2005 水平年核电一期工程取水前（简称“核电站取水前”）的水库历年平均下泄量，分析核电站取水对下游的影响。

选取频率 25%、50%、75%、95%的典型年进行分析：

a. 频率 95%、75%的典型年分别选取 2003 年和 1983 年，这两年核电站取水前和取水后，盘石水库下泄量没有变化。

b. 频率 50%、25%的典型年分别选取 1996 年和 1955 年。1996 年，核电站取水前的下泄量为 112.6 万 m^3，取水后为 6.6 万 m^3，下泄水量发生在 8 月份；下泄水量减少，对下游有所影响。1955 年，核电厂取水前的下泄量为 493.1 万 m^3，取水后为 348.3 万 m^3；下泄水量减少，对下游有所影响。

留格河盘石镇处流域面积 45 km^2，徐家泊村处流域面积 90 km^2，留格镇处流域面积 152 km^2。盘石水库流域面积 33 km^2，其自然来水量约占盘石镇处留格河自然来水量的 73.3%，占徐家泊村处的 36.7%，占留格镇处的 21.7%。

和盘石水库现状下泄相比，电厂一期项目取水后多年平均减少的下泄量约占盘石镇处留格河水量的 8.1%，占徐家泊村处水量的 2.6%，占留格镇处水量的 1.3%。与现状相比，电厂一期项目取水对盘石镇处留格河多年平均水量有一定影响，对徐家泊村处水量影响较小，对留格镇处水量影响更小。从影响的年份看，影响主要发生在现状盘石水库下泄量频率小于 50%的年份，即主要在丰水年。这是因为，枯水年盘石水库现状下泄量为零。

核电一期工程取水后的多年平均下泄量略小于现状水库多年平均下泄量，从此角度看，对下游用户有一定影响，需采取相应减缓措施。

4.4.1.4 红石顶核电站一期

1. 基本情况

建设项目名称：山东红石顶核电工程

建设项目性质：新建

建设规模：2×1000MW 级压水堆核发电机组

水平年：结合核电站工程预期和水资源综合规划水平年情况，项目水资源论证现状水平年为 2005 年，规划水平年为 2010 年、2020 年、2040 年。

取水量：红石顶核电一期工程运行期取水量为每年 230 万 m^3，设计取水保证率为 97%；施工期取水量为 210 万 m^3。一期工程施工期和运行期用水均以龙角山水库水源。

论证范围：乳山市行政区为分析范围，面积 1668 km^2；龙角山水库控制流域为取水水源论证范围；影响论证范围包括龙角山水库库区及其下游的乳山河乳山饮用水水源区、龙角山水库灌区、乳山市第三自来水厂供水区。影响论证范围面积为 78 km^2，河长为 14km。

水源情况：盘石水库于 1960 年竣工完成，兴利库容 945.0 万 m^3，总库容 1568.3 万 m^3。防洪标准为百年一遇设计，千年一遇校核。红石顶核电项目取水以前，水库用水户为乳山市第三自来水厂和龙角山水库灌区。乳山市第三自来水厂设计日供水量 5 万 m^3，年供水量 1825 万 m^3；历年最大实际供水量 1160 万 m^3。灌区原设计灌溉面积 16 万亩，1982 年山东省水利厅“三查三定”审定灌溉面积 11.35 万亩，有效灌溉面积 3.13 万亩。因灌区配套设施未完成等原因，灌溉效益没有达到。灌区自 1965 年开发以来，历年实际最大灌溉面积 2.3 万亩。水库多年平均、频率 50%、频率 97%年来水量分别为 6877.2 万 m^3、5476.0 万 m^3、487.6 万 m^3。

2. 项目取水对区域水资源的影响

龙角山水库坝址以上流域多年平均天然水资源量 7617.7 万 m^3，多年平均现状入库水资源量7049.7万m^3，现状下泄水量5010.3万m^3。核电站取水量230万m^3，分别占多年平均天然水资源量、现状入库水资源量和现状下泄水量的3.0%、3.3%和4.6%，所占比例很小，从多年平均看，对当地水资源的影响不大。

乳山河水资源量2.57亿m^3，核电站取水量230万m^3，占乳山河水资源量的0.89%，所占比例很小，对区域水资源的影响很小。

下游水功能区为乳山河乳山饮用水水源区。此功能区内没有珍稀保护生物，项目取水不影响珍稀保护生物。

3. 项目取水对其他用户的影响

(1) 对水库用户的影响。

根据水库调节计算结果，核电站取水在各个规划水平年不影响乳山市自来水厂设计的用水量。

对龙角山水库灌区灌溉影响分析。1982年省水利厅"三查三定"审定龙角山水库灌区灌溉面积11.35万亩，有效灌溉面积3.13万亩。灌区自1965年开发以来，历年实际最大灌溉面积2.3万亩。现状实际灌溉面积不足1000亩。在项目用水后，龙角山水库可满足的灌溉面积均大于3.13万亩。

龙角山水库向乳山市第三自来水厂与项目供水后，可保证4.2万～4.7万亩农业灌溉用水。水库原设计灌溉面积中的11.35万亩中的6.15万～7.65万亩不能再利用水库水源。这是由乳山市第三自来水厂与项目两个取户取水共同造成的。

对项目单个用户用水影响分析表明，龙角山水库向核电站供水后，2010年、2020年、2040年比不向核电站供水减少灌溉面积2.8万～3.6万亩，平均减少3.0万亩。

(2) 对下游用户的影响。

在龙角山水库下游乳山河干流是乳山河乳山饮用水水源水功能区的一部分。这部分水功能区从龙角山水库坝下开始，到乳山寨为止。龙角山水库下游的乳山河乳山饮用水水源区内现在没有工业取水和集中式生活饮水取水，以前设立的农灌扬水站现在均已报废，没有固定的成规模的农灌取水设施。因此，红石顶核电站取水不对下游现状用户造成明显影响。

1) 项目取水对水库下泄水量的影响分析。

通过对比分析有无项目取水两种情况下，龙角山水库下泄水量的变化。

2010年为项目施工取水期，2020年为项目正常运行取水期，因此，分析采用2010年和2020年规划水平年。

规划水平年城市用水按设计用水量，每年1825.0万m^3/a。龙角山水库灌区灌溉面积11.35万亩，有效灌溉面积3.13万亩，历年实际最大灌溉面积2.3万亩，现状实际灌溉面积不足 1000 亩。现状尚没有恢复该水库灌溉面积的规划，因此，采用历年实际最大灌溉面积 2.3 万亩作为规划水平年的灌溉面积进行分析。

该核电项目 2010 年取水 210 万 m^3/a，2020 年取水 230 万 m^3/a。2010 水平年，项目取水后的龙角山水库多年平均下泄量，较取水前减少 167.8 万 m^3，减少 4.3%。2020 水平年，项目取水后的多年平均下泄量，较取水前减少 182.6 万 m^3，减少 4.6%。2010 水平年和 2020 水平年下泄量变化很相近，因此，以下用 2010 水平年的情况进行说明。

选取频率 25%、50%、75%、95%的典型年进行分析：

a. 频率 95%、75%的典型年分别选用选取 1999 年和 1969 年，这两年核电站取水前和取水后，盘石水库下泄量均为零，下泄水量没有变化。

b. 频率 50%、25%的典型年分别选取 1970 年和 2005 年。1970 年，项目取水前的下泄量为 3407.9 万 m^3，取水后为 2862.6 万 m^3，下泄水量减少 545.3 万 m^3，为 16.0%对下游有所影响；下泄水量发生在 7 月，该月取水前下泄量为 3105 万 m^3，取水后为 2578 万 m^3，减少 528 万 m^3。2005 年，核电站取水前的下泄量为 6288.5 万 m^3，取水后为 6042.6 万 m^3，下泄水量减少 245.9 万 m^3，为 3.9%，对下游影响有所影响；下泄水量发生在 8 月，该月取水前下泄量为 4999 万 m^3，取水后为 4788 万 m^3，减少 211 万 m^3。

2）龙角山水库下游乳山河用户。龙角山水库下游现状没有固定的成规模的取水设施，核电厂取水不影响下游用户。

4.4.1.5 田湾核电站 5 号、6 号机组

1. 基本情况

建设项目名称：田湾核电站 5 号、6 号机组建设项目

建设项目性质：扩建

建设规模：2 台 ACPR1000 型压水堆核电机组

水平年：连云港市多年平均降水量为 905.3mm，2013 年降水量 828.1mm，为平水偏枯年份，且为较近年份，确定 2013 年为现状水平年；鉴于田湾核电站 5 号、6 号机组工程第二台机组预计 2021 年建成，1～6 号机组最大用水发生在 2022 年及以后，确定 2025 年为规划水平年。

项目运行期设计最大取水量为 6900m^3/d（0.080m^3/s），正常取水量 5110m^3/d，年取水量 188 万 m^3，设计取水保证率为 97%；施工期设计最大取水量为 2960m^3/d（0.034m^3/s），正常取水量为 2470m^3/d，年取水量 82.5 万 m^3，设计取水保证率为 90%。拟以蔷薇河干流为供水水源。

论证范围：分析范围为连云港市和江淮水调水路线，面积 7500km^2；取水

水源论证范围确定为连云港市区的蔷薇河流域和江淮水调水路线；取水影响范围为取水直接影响的蔷薇河东海过渡区的一部分（刘顶断面到上游 2.5km 范围）和海州饮用水水源区及相关岸上区域；项目不向淡水水体退水，因此，不设立退水影响范围。

2. 项目取水对区域水资源的影响

论证范围内现状保证率 97% 可供水量为 20m³/s，项目最大取水量为 0.080m³/s，1～6 号机组最大取水量 0.234m³/s，分别约占可供水量的 0.4%和 1.2%，因此对区域水资源可利用量影响不明显。

3. 项目取水对水生态的影响

蔷薇河水源地及其下游没有确定的河流生态保护目标。鉴于此种情况，根据江苏省水资源管理的惯例，无法特别考虑专用的生态需水。因此，项目无法专门考虑取水对蔷薇河生态用水的影响。

4. 项目取水对水功能区纳污能力的影响

蔷薇河作为连云港市的一条供水河道，其槽蓄量大，从东海吴场至临洪闸区间，水位在 1.80m 时槽蓄量为 1300.8 万 m³，水位在 1.50m 时槽蓄量为 1090.5 万 m³，水位在 1.14m 时槽蓄量为 880.2 万 m³。核电厂 1～6 号机组每日取水 1.68 万 m³，对该河段水位影响很小，对蔷薇河纳污能力影响不明显。

5. 项目取水对其他用户的影响

现状水平年，在不考虑通榆河北延水源的情况下，在频率 75%条件下，项目取水不影响生活、工业、农业灌溉用水；在频率 90%、95%和 97%的年份，项目取水仅影响取水影响范围河段内的农业用水户，按照项目设计取水量，90%频率年份，因项目施工期和运行期取水分别减少农业用水 2.1m³/a 和 4.8 万 m³/a；95%和 97%频率年份，因项目施工期和运行期取水分别减少农业用水 6.5 万 m³/a 和 14.7 万 m³/a。

规划水平年，在不考虑通榆河北延水源的情况下，在频率 75%条件下，项目取水不影响生活、工业、农业灌溉用水；频率 90%、95%和 97%的年份，项目取水仅影响取水影响范围河段内的农业用水户，按照项目设计取水量，90%频率年份，因项目施工期和运行期取水分别减少农业用水 9.6 万 m³/a 和 21.9 万 m³/a；95%频率年份，因项目施工期和运行期取水分别减少农业用水 12.0 万 m³/a 和 27.5 万 m³/a；97%频率年份，因项目施工期和运行期取水分别减少农业用水 14.5 万 m³/a 和 33.0 万 m³/a。

通榆河北延为相机供水，在连云港缺水时进行调水，进入连云港市区的 30m³/s 的水量送入蔷薇河水源地，因此，若考虑通榆河北延水量，项目取水不影响蔷薇河市区段其他用户取水。

4.4.1.6 岭澳核电站三期工程

1. 基本情况

建设项目名称：岭澳核电站三期工程

建设项目性质：扩建

建设规模：2台CPR1000型压水堆核能发电机组

水平年：2006年为现状水平年，2015年为近期规划水平年，2020年为中期规划水平年，2030年为远期规划水平年。

取水量：岭澳核电站三期正常运行期最大年淡水取水量为158.20万m^3/a，供水保证率为97%，施工调试期最大年淡水取水量为234.69万m^3/a。淡水水源拟采用大坑水库和岭澳水库，由两库联调系统供水。

论证范围：分析范围为深圳市所辖区域，在资料可获得前提下，以建设项目所在之龙岗区为分析重点；取水水源论证范围以淡水水源为论证重点，论证范围为大坑水库和岭澳水库的集雨范围（含库区）；取退水影响范围为大坑水库和岭澳水库大坝以下河流大坑河、岭澳河，及核电站退水点周边的大亚湾海域。

2. 项目取水对区域水资源的影响

岭澳核电站三期扩建工程以大坑水库-岭澳水库两库联调系统为正常运行期淡水水源，以大坑水库-岭澳水库-岭下水库三库联调系统为施工调试期淡水水源为宜。大坑水库和岭澳水库为大亚湾核电基地核电站的专用水库，岭下水库为岭澳核电站二期工程的临时施工水库，均蓄积利用大鹏澳本地降雨产水为供水水源，不增加区域现状水资源供需压力，符合深圳市合理规划配置区域水资源、创建节水型城市的要求。

根据2007年8月广东省水利厅颁布执行的《广东省水功能区划》，深圳市水系涉及6个河流水功能区及9个湖泊（水库）水功能区。建设项目取水水源大坑水库、岭澳水库、岭下水库未列入区划范围，由于诸水库为核电站工业、生活用水的专用水库，项目取水与已划定的水域使用功能不存在矛盾。

此外，在前述大坑水库、岭澳水库、岭下水库联合调度系统的长系列调节计算中，将各水库大坝以下河流的生态需水量作为水库的供水任务之一。各水库坝下河段水域不涉及河流生态系统中保护性生物群落栖息地、繁殖（产卵）场、迁徙（洄游）通道，且现定的年生态需水量分别为水库多年平均入库流量的10%，可比较充分地保证其生态功能的实现。

可见，岭澳核电站三期扩建工程淡水水源及取水方案体现了区域水资源合理配置和高效利用的要求，与已划定的水域使用功能不存在矛盾，且水库的供水调节可保证坝下河段生态功能的实现，对区域水资源和邻近水域的生态环境均无明显的负面影响。

3. 项目取水对其他用户的影响

根据《广东岭澳核电三期扩建工程初步可行性研究报告》第一卷《总论》关于项目厂址选择的相关调查结果，岭下厂址附近无现状或计划将来供公众使用的地下水饮用水源，项目淡水取水对大亚湾核电基地以外的用户不产生影响。

目前，除项目规划的淡水用水之外，大亚湾核电基地内大亚湾核电站和岭澳核电站一、二期工程所需淡水亦全部由大坑水库和岭澳水库供给，其供水保证率亦为97%，与建设项目相同。

大亚湾核电基地大亚湾核电站和岭澳核电一期、二期6台机组正常运行期淡水年最大需水量为388.88万m^3/a。建设项目正常运行前淡水年最大需水量为158.20万m^3/a，施工期调试期淡水年最大需水量为234.69万m^3/a，即项目正常运行期、施工调试期需满足的淡水总供水规模分别为547.09万m^3/a、623.58万m^3/a。根据前述淡水水源论证成果，以观测值损失量结合业主方采用的枯水期回抽岭澳水库渗漏水量措施的计算结果，大坑水库-岭澳水库两库联调系统可满足岭澳三期核电站正常运行期大亚湾核电基地的全部用水需求，供水保证率达98.5%；大坑水库-岭澳水库-岭下水库三库联调系统可满足建设项目施工调试期大亚湾核电基地的全部用水需求，供水保证率97.67%，均符合97%的供水保证率要求。

可见，岭澳三期核电站正常运行期和施工调试期的取水需求得到满足的同时，大亚湾核电站、岭澳核电一期和岭澳核电二期6台机组正常运行期388.883万m^3/a的淡水年最大需水量亦可得到满足，综合供水保证率符合97%的要求。

综上所述，岭澳三期核电站淡水取水方案体现了区域水资源合理配置和高效利用的要求，与已划定的水域使用功能不存在矛盾，水库的供水调节可保证坝下河段生态功能的实现，对区域水资源和邻近水域的生态环境均无明显负面影响；且在岭澳三期核电站正常取水需求得到满足的同时，同以大坑水库、岭澳水库（岭下水库）及其联合调水系统为淡水水源的大亚湾核电站和岭澳核电一期、二期6台机组正常运行期388.883万m^3/a的淡水年最大取水量亦可得到满足，不影响其他取水户的正常取水，岭澳三期核电站淡水取水在各方面均无明显的负面影响，取水合理。

4.4.1.7　小结

根据几个核电站的取水影响（表4.6），不难看出，滨海核电站取水占当地水资源量的比例很小，对水资源的影响不明显。对生态环境、水功能区影响较小，个别电站对下游生态环境及纳污能力产生一定影响。多数核电站对其他用户也没有影响，只有较少一部分对农业灌溉取水和下游用户造成影响。

表 4.6　滨海核电站取水对水资源的影响

核电项目	对区域水资源的影响	对其他用户的影响	对生态环境的影响
红沿河核电站	一、二期工程施工期合计年最大取水量仅为60万 m^3，不会对水量时空分布和水文情势以及区域整体的水资源状况构成影响	核电工程施工对东风灌区没有影响； 东风水库取水对东风—河口区间其他用水户不构成影响； 至规划水平年瓦房店市区的生活和现有工业用水的需求是可以得到保障的，不受工程取水影响； 对长兴岛临港工业区不构成影响，对松木岛化工园区几乎不构成影响	对水功能区没有影响； 对于东风水库下游河道内生态环境需水要求的满足情况不构成影响
高温气冷堆示范电站	取水对荣成市区域水资源影响不明显，对八河水库当地水资源有一定影响	对八河水库灌区规划农业灌溉用水产生明显影响； 对下游淡水用户不造成明显不利影响	
山东海阳核电一期工程	工程对海阳市区域水资源来说影响不大；2005水平年，对盘石水库大坝当地水资源的有一定影响。	核电厂一期工程用水对盘石水库农业灌溉面积造成较大影响，需对此进行补偿。	核电一期工程取水后的多年平均下泄量略小于现状水库多年平均下泄量，从此角度看，对下游用户有一定影响，需采取相应减缓措施
红石顶核电站一期	项目取水占水资源量比例很小，对区域水资源的影响很小	不影响乳山市第三自来水厂的设计用水量； 对龙角山水库灌区有明显的影响； 对下游现状用户造成明显影响	对下游水功能区没有影响
田湾核电站5号、6号机组	对区域水资源可利用量影响不明显	取水不影响蔷薇河市区段其他用户取水	对蔷薇河纳污能力影响不明显
岭澳核电站三期工程	取水方案体现了区域水资源合理配置和高效利用的要求，对区域水资源无明显的负面影响	淡水取水对大亚湾核电基地以外的用户不产生影响	对邻近水域的生态环境无明显的负面影响

4.4.2 内陆核电取水影响案例

4.4.2.1 桃花江核电项目

桃花江核电项目取用的是资水过境水资源量，对当地水资源状况基本没有影响；桃花江核电站采用二次循环供水方式，取用水量小，取水量占取水口断面水资源量比例较小，对资水水资源量影响很小。

调查厂址下游从资水干流取水用户及其取水量等情况，并结合取水口断面可供水量分析，项目在设计枯水年、设计枯水流量情况下取水对其他用水户的取水水资源影响较小。

对通过数值模拟计算，在核电站取排水工程修建并运行后，由于所处河段位于修山水库库区，河槽较深，蓄槽容积较大，取排水工程的存在引起的水位变化对该河段的通航水深影响较小，取排水工程的设计方案基本满足航道尺度（航宽、航深及最小转弯半径）要求；取水建筑和排水口对附近河段流场有所影响，通过规划航道路线，设置助航标志，避开较大横向流速区后，取排水工程的存在所引起的流场流态变化对船舶的安全航行影响较小。桃花江核电项目取排水工程建成后对附近航道及船舶的正常通航影响较小。

综上所述，该项目开发利用水资源对区域水资源状况影响不大，对其他用水户的取水水资源影响较小。如果益阳城市第二水源规划实施，则对其他用水户的取水影响更小。

4.4.2.2 咸宁核电站

1. 对水资源量的影响

项目投产运行后，四台机组（4×AP1000）运行年新增用水 1.692 亿 m^3，水资源利用率从 3.06％上升到 10.63％。对充分发挥水资源的作用，提高水资源利用率起到积极作用。

2. 对富水水库调度的影响

核电站取水时服从富水水库的调度规程，基本不破坏富水水库的既定运行调度规则。

3. 对下游生态用水的影响

生态环境用水主要考虑河段内生态最小需水量，即维持河道内最小水深和水量，以维持河道内生物需水、蒸发和渗漏损失水量。根据《建设项目水资源论证导则》（GB/T 35580—2017）要求，并参考国内外有关生态环境水量的计算方法，考虑河道多年平均流量的 10％作为生态需水的最小水量，即可维持河道生态需水量。在特别枯水年份，生态环境用水流量约为 $7m^3/s$，远大于实测最枯月平均流量 $1.3m^3/s$。在富水水库下游 6.2km 处有龙港河汇入，为河道用水和河道生态用水留有足够的裕度，按此调度将会改善下游河道的生态环境。

4. 对下游湖泊湿地的影响

由于水利工程建设对富水下游湖泊的治理，各湖泊发生了演变，有的湖泊已经变成了农场，失去了湖泊的功能，剩下的湖泊通过涵闸等工程与富水分隔。

富水全流域总水资源量约43.37亿m^3，核电站取水1.692亿m^3（4×AP1000机组，年运行7500h计算），占全流域水量的3.9%，对湖泊水量改变不大，不至于影响下游湖泊的功能。

5. 对水功能区管理目标的影响

咸宁核电站项目是否取水纳污能力计算结果见表4.7。

表4.7　咸宁核电站项目是否取水纳污能力计算结果

工程阶段	污染物指标	初始浓度/(mg/L)	水质目标浓度/(mg/L)	水库蓄水量/万m^3	纳污能力/(t/月)
核电站不取水	化学需氧量	2.4	6.0	41883.48	1507.81
	氨氮	0.119	1.0	41883.48	368.99
核电站取水	化学需氧量	2.454	6.0	41883.48	1485.2
	氨氮	0.1217	1.0	41883.48	367.86

咸宁核电站从富水水库取水量占水库总水量的比例较小，取水不改变水质管理目标，也不改变水功能区管理目标。

4.4.2.3 彭泽核电站

1. 对区域水资源的影响

九江—大通地区地表水用水大户为农业，其次为工业，生活和环境用水。根据水资源综合规划需水阶段成果，该地区2020年、2030年需水量分别为62.27亿m^3、62.95亿m^3，彭泽核电站运行期年需水量（6906.9万m^3）仅占区域水资源总量（254.49亿m^3）的0.27%，对区域水资源量的开发利用影响甚微。

在彭泽地区长江干流南岸河道取水口，增加23.68万m^3日取水量，仅占瓜字号洲右汊97%枯期长江日来流量（3899.68亿m^3）的0.06%，并且取水水源为该地区的过境水源，核电站取水总量很小，符合行业规范，因此不会构成对区域水资源状况的影响。

2. 对下游用户的影响

长江水资源量非常丰沛，彭泽核电站一期新建工程取水，运营期取水流量2～3m^3/s，仅占长江枯水流量设计保证率（$P=97\%$）的来水流量的0.016%，校核保证率（$P=99\%$）的来水流量的0.017%。此外，三峡、丹江口水库运行后对枯水流量的影响，三峡水库建成运行60年以后厂址处河道枯水流量（$P=97\%$）为7470m^3/s，增加了1960m^3/s。

彭泽核电站循环冷却水以1.5%的耗水量计算，本工程年耗水量为4288.3万m^3，仅占枯水流量设计保证率（$P=97\%$）时可取水量3899.68亿m^3的0.01%。取水对下游及周边地区的工农业和生活用水影响不大。因此，取水对长江水资源及其他取水户几乎没有影响。

4.4.2.4 小墨山核电项目

项目年取水量 5460 万 m^3，占项目取水口处水资源总量为 4872 亿 m^3 的 0.01%，因此，项目取水不对区域水资源量造成明显影响。

项目取水流量为 2.08m^3/s（7480m^3/h），占取水口长江多年平均年来水量的 0.01%，占频率 97%年最小来水量的 0.08%，所占比例极小，对长江水资源量的影响甚微，对长江纳污能力影响甚微，对当地生态环境不产生影响。

4.4.2.5 河南信阳核电项目

信阳市年降水量在 1300mm 左右，多年平均地表水资源量为 78.60 亿 m^3，多年平均地下水资源量为 26.85 亿 m^3，扣除多年平均重复量 17.41 亿 m^3，实际多年平均水资源总量 88.04 亿 m^3；人均水资源 1100m^3，是河南省人均值的 2.9 倍。全市现有大型水库 5 座、中型水库 13 座、小型水库 866 座，总库容 40.52 亿 m^3，水资源总量占河南省总量的 22%，是河南省水资源最丰富的地区之一。

信阳核电项目规划建设 4 台百万千瓦级压水堆核电机组，采用自然通风冷却塔二次循环冷却，4 台机组全年需水量为 1.3 亿 m^3，年保证率为 97%。取水量占区域多年平均水资源总量的 1.5%，对区域水资源的影响较小。取水水源选取主要在鲇鱼山水库、出山店水库、南湾水库之间。

(1) 马槽、石仙山两个厂址取水水源为鲇鱼山水库。

鲇鱼山水库为大 (2) 型水库，主要建筑物为 2 级，原设计按百年一遇洪水设计，五千年一遇洪水校核，是多年调节水库，总库容 9.16 亿 m^3，设计灌溉面积 143 万亩，装机容量 10600kW。在满足现有用户的前提下，2020 年水平年可向项目供水 9500 万 m^3/a，缺水 3500 万 m^3/a；2030 水平年可向项目供水 10500 万 m^3/a，缺水 2500 万 m^3/a。

鉴于在满足现有用户的情况下，无法满足项目需水，因此，需要采取措施解决项目需水。拟采取灌溉节水措施解决核电项目缺水。灌区节水措施包括提高渠系利用系数、采用节水灌溉方式、采用节水耕作方式、种植抗旱品种等。水库兴利调节后，鲇鱼山水库灌区在 2020 水平年鲇鱼山灌溉节水 12%、2030 水平年灌溉节水 10%后，可满足核电项目需水。

现状鲇鱼山水库的供水任务中并没有向下游下泄生态水量的要求。按照《水资源综合规划需水预测细则》的要求，采用 90%保证率年最小月平均流量法计算下游生态流量，为 0.62m^3/s，作为鲇鱼山水库需要下泄的生态流量。当鲇鱼山水库弃水与渗漏水量小于 0.62m^3/s 时，则需要水库补水以保证满足下泄 0.62m^3/s 的要求。因此对下游生态环境的影响较小。

（2）小尖山、杨家塘两厂址拟取用出山店水库区域水源。

出山店水库位于河南省信阳市区境内，坝址在京广铁路以西14km的淮河干流上，控制流域面积2900km²，是一座以防洪为主、结合供水、灌溉、兼顾发电等综合利用的大型水利枢纽工程，水库总库容12.74亿m³。为信阳市提供生活及工业供水9000万m³，出山店水库灌区灌溉面积42万亩，其中新增灌溉面积30万亩，补水灌溉面积12万亩。给下游河道放基流1.0m³/s，发电装机3000kW，年发电量875万kW·h。

信阳市人民政府同意将出山店水库每年向信阳市供水量9000万m³中的8000万m³，调配给信阳核电站使用。信阳市8000万m³/a城市用水由信阳市人民政府另行安排。在满足出山店灌区和信阳市城市工业及生活用水1000万m³/a的情况下，2020年水平年可向本项目供水9000万m³/a，可利用中水量2000万m³/a，核电项目缺水量4000万m³/a；2030年水平年可向项目供水8600万m³/a，可利用中水量2000万m³/a，核电项目缺水量2400万m³/a。水库调算结果见表4.8。

表4.8　水库调算结果水量　　单位：万m³/a

水平年	核电项目需水	出山店水库可供核电项目的水量	可利用中水	核电项目缺水
2020年	13000	9000	2000	2000
2030年	13000	8600	2000	2400

鉴于在满足出山店灌区和信阳市城市工业及生活用水1000万m³/a的情况下，无法满足项目用水需求，因此需要采取措施解决。解决项目用水的途径包括出山店灌区农灌节水、取用南湾水库水源。信阳核电项目取用信阳市中水2000万m³/a，取用出山店水库水源8000万m³/a，取用南湾水库水源3000万m³/a，可满足信阳核电项目用水需要。

4.4.2.6　黑龙江核电站项目

黑龙江核电站项目规划容量为4台百万千瓦级压水堆核电机组，技术路线采用AP1000方案，采用自然通风冷却塔二次循环冷却，4台机组需水6m³/s，全年需水量为1.42亿m³，年设计保证率为97%、校核保证率为99%。3个候选厂址：佳木斯市桦川县所辖的东宝山厂址和哈尔滨市所辖的木兰县常家屯厂址、宾县西口屯厂址。3个厂址均位于松花江沿岸，取水口拟设在松花江。

各厂址取水口松花江多年平均流量见表4.9，采用的年最小瞬时流量见表4.10。核电站拟取6m³/s，仅占厂址处松花江水量的0.3%～0.6%，各厂址处设计年最小瞬时流量也能满足核电站的需要，所取水量占平均流量的比例很小，对区域水资源的影响很小。

表 4.9 黑龙江核电站各厂址取水口松花江多年平均流量

厂址	多年平均流量/(m^3a)			2020 水平年比现状减少	2030 水平年比现状减少
	实测	2020 年水平年	2030 年水平年		
常家屯	1478	1003	973	32.1%	34.2%
西口屯	1493	1013	983	32.2%	34.2%
东宝山	2154	1693	1659	21.4%	23.0%

表 4.10 黑龙江核电站各厂址采用的年最小瞬时流量

厂址	频率			
	P=90%	P=95%	P=97%	P=99%
常家屯	130.8	100.6	81.9	48.5
西口屯	132.1	101.6	82.7	49.0
东宝山	185.1	145.9	121.6	77.8

常家屯厂址和西口屯厂址取水口处未来多年平均流量在逐渐减少，比实测值减少 32%～34%；东宝山厂址取水口处未来多年平均流量在逐渐减少，比实测值减少 21%～23%，而年最小瞬时流量却增加了。这主要是因为在进行松花江流域水资源配置时，考虑了丰满和尼尔基等水库联合调度以满足哈尔滨 250m^3/s 的环境流量需要，从而使哈尔滨断面枯水流量增加。核电站取水不影响生态环境。

常家屯厂址取水口、西口屯厂址取水口分别在大顶子山航电枢纽下游 45km 和 95km 处。大顶子山枢纽功能之一是向下游补水，多年平均补水流量 94m^3/s，以满足下游航运需要，正常运行情况下对厂址取水具有一定的积极影响。如果枢纽关闭闸门（电站和泄洪闸均关闭），并且下游来水较少时，则不能满足用水要求。

东宝山厂址取水口在莲花水电站坝址下游约 300km 处。莲花水电站是以发电为主，兼有防洪、航运、养殖、旅游、工业及城市用水、灌溉、环保等多种重要功能的大型水库。依兰航电枢纽位于东宝山厂址桦川县城取水口上游 146km 处，正常蓄水位以下库容 6.09 亿 m^3。悦来航电枢纽工程位于松花江干流 460 km 处，是松花江干流航道发展规划中确定的 7 个梯级中的最下游梯级，是一座以改善航运条件、城市生态环境及增加灌溉效益为主，兼有发电、交通、养殖、旅游等综合利用效益的工程。核电站取水对下游用户的影响尚不确定。

4.4.2.7 小结

根据几个核电站的取水影响（表 4.11），不难看出，内陆核电取水对区域水资源的影响很小，部分甚至对提高水资源利用率起到积极作用；不影响区域生态环境和河流纳污能力，不会影响水功能区，但对其他用水户取水有一定的影响。需要注意的是，修建在水量充沛的江河上的核电站其影响较小，但对水量相对较小的河流，核电站取水对区域水资源量的影响势必较为明显，对下游用户产生一定影响，对生态环境不利。

表 4.11　　内陆核电站取水对水资源安全的影响

核电项目	对区域水资源的影响	对其他用户的影响	对生态环境的影响
桃花江核电站	取用水量小，取水量占取水口断面水资源量比例较小，对资水水资源量影响很小	取水对其他用水户的取水影响较小	
咸宁核电站	对充分发挥水资源的作用，提高水资源的利用率起到积极作用	取水时服从富水水库的调度规程，基本不破坏富水水库已经制定好的运行调度规则	会改善下游河道的生态环境；对湖泊水量改变不大，不至于影响下游湖泊的功能；取水量占富水水库总水量的比例较小，取水不改变水质管理目标，不改变水功能区管理目标
彭泽核电站	取水占区域水资源总量极小部分，对区域水资源量的开发利用影响甚微，不会构成对区域水资源状况的影响	取水对下游及周边地区的工农业和生活用水影响不大，对长江水资源及其他取水户几乎没有影响	
小墨山核电站	取水不对区域水资源量造成明显影响		对长江纳污能力影响甚微，对当地生态环境不产生明显影响
河南信阳核电	取水占区域水资源总量的1.5%，对区域水资源的影响较小	马槽、石仙山两个厂址取水水源为鲇鱼山水库，对灌区有一定影响；小尖山、杨家塘两厂址取用出山店水库区域水源，对灌区有一定影响	对下游生态环境的影响较小
黑龙江核电	取水仅占厂址处松花江水量的0.3%～0.6%，对区域水资源的影响很小	常家屯厂址取水口、西口屯厂址取水口分别在大顶子山航电枢纽下游45km和95km处，如果枢纽关闭闸门（电站和泄洪闸均关闭），并且下游来水较少时，则不能满足用水要求；东宝山厂址附近电站枢纽均肩负多种重要功能，对其他用户的影响尚不确定	不影响生态环境

4.4.3　核电站取水对水资源安全影响的评估方法

核电站取水对水资源安全影响的评估采用分级指标评分法，逐级加权，综合评分。水资源安全影响分为4级：轻度影响、中度影响、重度影响、严重影响。

核电站取水对水资源安全影响评估体系（图4.1）包括1个目标层、1个准则层（含5个评估准则）、1个指标层（含16个评估指标，其中10个为必选指标）。具体指标如下：

（1）对农业的影响：①受影响灌溉面积农业节水率提高率；②灌溉面积受影响程度；③多年平均灌溉用水量减少百分比；④受影响方满意度；⑤农业补偿费用（备用指标）。

（2）对工业的影响：①受影响工业节水率变化率；②受影响方满意度；③影响工业水量（备用指标）；④补偿费用（备用指标）。

（3）对生活的影响：①受影响方的满意度；②影响生活用水量（备用指标）；③补偿费用（备用指标）。

（4）对区域其他水资源用户的影响：①核电站取水量相当的综合用水人口；②核电站产生的工业增加值（备用指标）。

（5）对水生态用水的影响：①考察断面水体水质指标；②与核电站排污总量相当的综合排污人口。

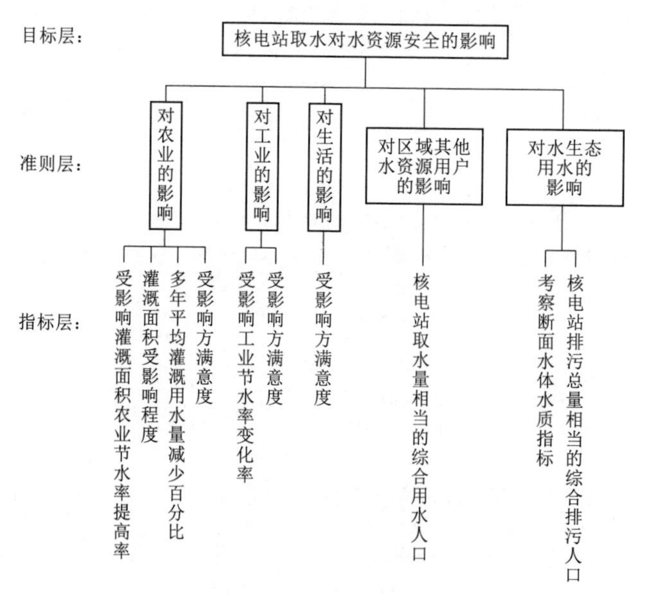

图4.1　核电站取水对水资源安全影响的评估体系

4.4.3.1　农业影响

1. 受影响灌溉面积农业节水率提高率

受影响灌溉面积农业节水率提高率主要评估核电取水对农业灌溉水利用系

数的影响。目前国家提出“三条红线”的概念，即水资源开发利用控制红线、用水效率控制红线、水功能区限制纳污红线。受影响灌溉面积农业节水率应满足农田灌溉水有效利用系数提高到 0.6 以上。核电站的取水促使农业节水，因此其影响为积极作用，取正分。

$$\text{受影响灌溉面积农业节水率提高率}=\frac{\text{核电站建设后的农业节水率}-\text{核电站建设前的农业节水率}}{\text{核电站建设前的农业节水率}}\times 100\% \tag{4.19}$$

2. 灌溉面积受影响程度

受影响灌溉面积一般为与核电站取水水源一致的所有灌溉面积。受影响程度以 10 万公顷为基数求得百分值，其影响为负面效应，取负分。

$$\text{灌溉面积受影响程度}=\frac{\text{受影响灌溉面积}}{\text{10 万公顷}}\times 100\% \tag{4.20}$$

3. 多年平均灌溉用水量减少百分比

多年平均灌溉用水量减少百分比反映核电站取水对农业灌溉的影响。在水资源不够充沛的地区，核电站的建设势必会对其他用水户产生用水影响。核电站的取水导致农业用水减少，故取负分。

$$\text{多年平均灌溉用水量减少百分比}=\frac{\text{核电站建设前多年平均灌溉用水量}-\text{建成后多年平均灌溉用水量}}{\text{核电站建设前多年平均灌溉用水量}}\times 100\% \tag{4.21}$$

4. 受影响方满意度

受影响方满意度反映公众对评估核电站取水对农业影响的满意度。该指标采用公众参与调查统计的方法进行，对评估核电站所在城市的公众、当地政府、环保、水利等相关部门发放公众参与调查表，通过调查结果的统计分析，确定评估公众对河流的综合满意度。受影响方满意度从正分到负分都有。

4.4.3.2 工业影响

1. 受影响工业节水率变化率

受影响工业节水率变化率主要评估核电取水对工业用水节水率的影响。核电站的取水同样促使工业节水，因此其影响为积极作用，取正分。

$$\text{受影响工业节水率变化率}=\frac{\text{核电站建设后的工业节水率}-\text{核电站建设前的工业节水率}}{\text{核电站建设前的工业节水率}}\times 100\% \tag{4.22}$$

2. 受影响方满意度

受影响方满意度反映公众对评估核电站取水对工业影响的满意度。该指标评价方法与农业受影响方满意度相似。

4.4.3.3 生活影响

1. 受影响方满意度

生活影响用公众对评估核电站取水对工业影响的满意度评价，该指标评价方法与农业受影响方满意度相似。

2. 生活用水量减少百分比

该指标从水量上反映核电站取水对生活用水的影响。在水资源不够充沛的地区，核电站取水会对其他用水户产生用水影响。核电站的取水导致生活用水的减少，故取负分。

$$\text{生活用水量减少百分比}=\frac{\text{核电站建设前生活用水量}-\text{核电站建成后生活用水量}}{\text{核电站建设前生活用水量}}\times 100\% \tag{4.23}$$

4.4.3.4 对区域其他水资源用户的影响

对区域其他水资源用户的影响采用核电站取水量相当的综合用水人口作为评估指标，以10万人为基准人口取百分数。

$$\text{核电站取水量相当的综合用水人口}=\frac{\text{核电站取水量相当的综合用水人口}}{10\text{万人}}\times 100\% \tag{4.24}$$

4.4.3.5 对水生态用水的影响

1. 考察断面水体水质指标

若不超过水功能区管理目标，则计算单指标占入河污染物总量的百分比，占剩余纳污总量的百分比，若排污后，河湖水质指标是否超过水功能区管理目标，如果超过，则一票否决。

2. 核电站排污总量相当的综合排污人口

核电站排污总量相当的综合排污人口以10万人为基准人口取百分数。

$$\text{核电站排污总量相当的综合排污人口}=\frac{\text{核电站排污总量相当的综合排污人口}}{10\text{万人}}\times 100\% \tag{4.25}$$

对于上述各个指标 v_{ij} 及准则层 u_i 分别构造两两比较判断矩阵，计算其权重向量矩阵元素 $W_{ij}W_i$。综合评估采用指标集和权重向量矩阵，根据计算，得到最终评价结果 U。

$$u_i=\frac{\sum_{j=1}^{n} v_{ij}\, w_{ij}}{\sum_{j=1}^{n} w_{ij}} \tag{4.26}$$

$$U=\frac{\sum_{i=1}^{n} u_i\, w_i}{\sum_{i=1}^{n} w_i} \tag{4.27}$$

5 核电站运行阶段对水资源安全影响评估体系

5.1 核电站退水对水资源安全影响的分析

核电站的退水直接进入受纳水体，对于水资源安全的影响最为直接。结合水资源管理的“三条红线”，与核电站退水相关的是水域纳污能力。对于同一水体，排放的退水越多，对环境的威胁就越大。用“排放源项”来概括核电站在退水排放特性，除了放射性废水外，其他形式的退水也应受到人们的重视。对于等量的排放源项，决定关键人群受照剂量大小的关键在于放射性物质的迁移能力。同样的核素，受纳水体的弥散条件好，则核素的迁移能力强，水体的稀释效果好。核素在迁移过程中，周围的环境不断发生改变，由此产生的各种化学反应会改变核素的迁移形态，从而改变其迁移能力。用“迁移行为”来概括核电站退水进入受纳水体后的物质输送特性。水体中含有大量的泥沙等悬浮物，能够在核素的迁移过程中与之发生相互作用，将放射性物质从水体转移到沉积物中，阻滞核素的迁移。同样的水体，对不同核素的作用能力是有较大差异的。用泥沙的“累积效应”来概括水体中固相对于放射性核素的阻滞能力。水体、泥沙中的放射性物质最终都会通过食物链对关键人群产生影响。下面对这些影响因素一一展开说明。

5.1.1 排放源项

5.1.1.1 非放射性退水

核电站的退水可分为非放射性退水及低放废液这两个系统。非放射性退水主要指非放射性化学物质废水排放，包括冷却塔运行产生的排污水、余氯排放和污水处理系统的流出物。

为了满足核电站运行的要求，相关系统的用水需进行化学处理，即在系统中加入一定数量的腐蚀抑制剂或化学活性添加剂。这些化学物质一部分进入固体废物处理，另一部分经处理后将随各类废水和冷却塔排污水一起排入核电站附近水域。冷却塔运行会使冷却水中的添加剂和水中的其他盐类浓缩4.5倍，部分物质随飘滴飘出，剩余化学物质随冷却塔排污水排出。为保护电厂冷却系统不被水中附着生物堵塞，避免因细菌和微生物过度繁殖而导致的管道和设备的生物污染，通常在冷却塔中加入一定浓度的次氯化物进行消毒。加氯处理在抑制浮游生物和细菌在管道内繁殖的同时，也造成了电厂冷却塔的排污水中含有一定浓度的余氯。污水处理系统的流出物主要是指电厂生活污水以及其他非放射性废水处理后的排放物。生活污水处理的排放物：主要污染因子有SS、COD、BOD_5等，污染物经过污水处理系统处理后，污水达到国家《城镇污水处理厂污染物排放标准》（GB 18918—2002）一级B标准排放，即SS达到20mg/L，COD达到60mg/L，BOD_5达到20mg/L，石油类达到3mg/L，达标后，与冷却循环退水混合排入受纳水体。

以某核电站为例说明非放射性退水水量及其中污染物的排放浓度，该核电站采用冷却塔二次循环系统，退水主要是冷却塔运行产生的循环水系统排污水。冷却塔二次循环系统退水，夏季2台机组约2996m^3/h，冬季2台机组约2070.8m^3/h。循环水系统排污水、生活污水、低放废水及其他工业废水总计夏季退水约3203.69m^3/h，冬季退水约2278.76m^3/h。该核电站全年排污量为1918.86万m^3。

某核电站非放射性化学物质排放浓度见表5.1，其中氯化物和硫酸盐采用“集中式生活饮用水地表水源地补充项目标准限值”，总氮为《地表水环境质量标准》（GB 3838—2002）Ⅲ类水标准限值。冷却塔排污水中难挥发化学物质的浓度见表5.2，表中采用《污水综合排放标准》（GB 8978—1996），初步估算余氯的排放浓度小于0.1mg/L。

表5.1　某核电站非放射性化学物质排放浓度　单位：mg/L

化学物质	排放浓度	水环境质量标准
氯化物	12.1	250
硫酸盐	29.8	250
总氮	0.39	1

表5.2　某核电站冷却塔排污水中难挥发化学物质浓度　单位：mg/L

污染物	排污浓度	自然背景值	污水综合排放标准（一级）
砷	0.0031	0.00089	0.5
铜	0.013	0.005	0.5
锌	0.067	0.015	2
镉	0.0085	0.0019	0.1
铅	0.094	0.021	1
总磷	0.447	0.1	0.5

在压水堆核电站中，硼酸主要用于反应性的化学补偿控制，加入适量的硼酸可以降低反应性。硼酸通过废水处理系统后，最终随核电站含氚和其他放射性核素的废水一起排入环境。随着我国核电事业的发展，尤其是内陆核电机组的建设，含硼废水的排放对环境，尤其是对饮用水水源的影响必须得到足够的重视。

2005 年，WHO 在《饮用水水质准则（第三版）》中规定饮用水中硼含量应小于 0.5mg/L。鉴于现有技术难以有效地将饮用水中的硼含量降至 0.5mg/L 以下，WHO 在 2011 年的《饮用水水质准则（第四版）》中将饮用水中硼含量指导限值调至 2.4mg/L。

我国《生活饮用水卫生标准》（GB 5749—2006）的水质非常规指标中硼的限值为 0. 5mg/L;《地表水环境质量标准》（GB 3838—2002）中规定了集中式生活饮用水地表水源地特定项目标准限值中硼浓度为 0. 5mg/L;《农田灌溉水质标准》（GB 5084—2021）中规定了农田灌溉用水水质选择性控制项目硼的浓度值为不大于 1mg/L（对硼敏感作物）、2mg/L（对硼耐受性较强的作物）和 3mg/L（耐受性强的作物）。

我国《污水综合排放标准》（GB 8978—1996）中没有硼排放限值的有关内容，硼的排放限值仅出现在辽宁（ 2mg/L）和上海（ 5mg/L）等地方标准中。

5.1.1.2 放射性退水

放射性废水按照放射性浓度大小分为高、中、低放射性废水。被允许排放到环境中的只有低放射性废水。核电站的低放废液可分为工艺疏水、地面疏水及化学疏水这三类。工艺疏水指的是化学物质含量少的放射性废水，主要为不能复用的一回路冷却剂排放水和泄漏水。地面疏水指的是化学成分不同的低放射性活度的放射性废液，如核岛厂房（不包括反应堆厂房）的地面冲洗水、厂区实验室排水以及蒸汽发生器排污系统除盐器反洗水和冲排疏水等。化学疏水指的是化学物质含量高的放射性废水，如放射性去污过程中产生的废液、热实验过程中产生的废液等。核电站的放射性废液系统能够控制、收集、处理、运输、贮存和处置正常运行及预计运行事件下产生的液体放射性废物，并可控制地向环境排放。处理后的废液放射性浓度和排放总量应符合国家有关法律法规中所规定的限值。

一般来说，在核电站正常运行时，所排放的放射性物质均能满足国家的有关标准，可以认为其对水资源安全的影响在一个可接受的范围之内。从辐射防护最优化的原则出发，水资源管理部门同样应鼓励核电站尽可能降低放射性退水的排放量，这样也符合水资源管理“三条红线”中关于用水效率及纳污能力的要求。在排放源项一定的前提下，还应根据受纳水体的水环境容量、水力条件的时空变化特性，灵活安排放射性退水的排放，以寻求放射性退水排放的最合理模式，最终达到最大限度降低放射性退水对受纳水体影响的目的。

5.1.2　放射性核素在水体中的迁移规律

核电站正常运行排放的放射性核素会以多种途径进入地表水体，主要包括：①核电站的液态流出物直接排入受纳水体，并进行混合、迁移等过程；②气体流出物在大气扩散过程中通过干湿沉降作用进入水体；③沉积在陆地表面和植被上的放射性核素经雨水冲刷进入水体。

核电站排放的放射性核素还会进入地下水：一种可能的途径是气体流出物通过干湿沉降作用降落到地表，在雨季随降水下渗进入地下水；另一种途径则是地表水体中的放射性核素由于地表水对地下水的补给作用而进入地下水。地表水和地下水中的放射性污染是相互影响、相互联系的。放射性核素在水体中的迁移扩散过程会伴随着众多物理、化学以及生物过程，使得放射性核素发生一系列形态、浓度以及迁移行为的变化。放射性核素污染水体及其扩散和转移途径见图5.1。

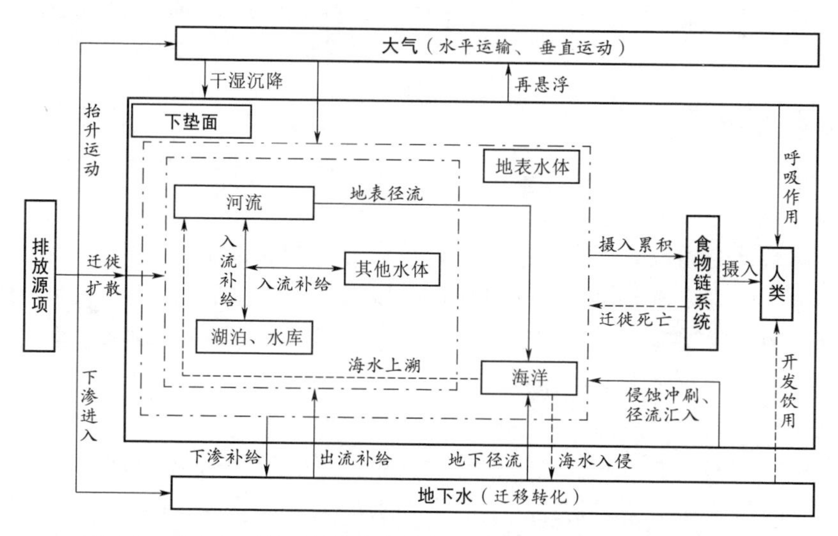

图5.1　核电站正常运行排放的放射性核素在环境中的扩散和转移

5.1.2.1　放射性物质在水体中的迁移

放射性物质在地面水体中的输运、弥散和迁移行为涉及水力学、水文学、化学及生物学等多种因素，其中包括水的流速/深度、水底类型和坡度、水体构型、水温、潮汐因素、风力、核素本身的物理/化学性质，水生生物的种类和分布特点等。江河、湖泊、海洋等各类水体中污染物的输运、弥散机制相似，内陆核电站附近水体（如江、河、湖、库）的水资源安全更受关注。放射性物质在河流中的输运和弥散涉及其随水流向下游方向的平流输运和在水流、河宽及水深方向上的扩散，其中扩散过程又与分子扩散、湍流扩散、剪切流弥散和对流扩散等多种机制有关。

（1）分子扩散。物质分子在水中不规则的随机运动（布朗运动）导致的物质迁移或分散现象称为分子扩散。当水中污染物浓度分布不均匀时，分子扩散将导致其从高浓度区向低浓度区迁移，从而使之进一步混合均匀。这一过程同样可用浓度梯度扩散理论加以阐述，即以分子扩散方式通过单位截面面积的物质质量通量与其浓度梯度呈正比关系，两者之间的比值为分子扩散系数。在河流中，分子扩散引起放射性物质弥散混合的作用比其他因素小得多，相应的分子扩散系数很小，在弥散过程中一般不予考虑。

（2）湍流扩散。河水及水中放射性物质的流动迁移大多呈湍流状态，由此导致放射性物质的扩散即为湍流扩散。这一过程同样可用浓度梯度扩散理论加以阐述，因此，在水流、河宽及水深方向存在着三个相应的湍流扩散系数，其数值比分子扩散系数大 7～8 个数量级。

（3）剪切流弥散。当河宽方向横断面上水流速度分布不均匀（存在流失梯度）时，水的流动状态称为剪切流。河流断面上不同点处湍流强度的时间平均值与其空间平均值之间存在明显的系统差异，这将导致放射性物质的进一步分散，一般称为剪切流弥散。

（4）对流扩散。水体中不同深度处水温与密度往往呈层状分布，不同深度水层之间温度与密度的差异形成铅直方向上的对流运动，由此导致的放射性物质的扩散迁移称为对流扩散。

自然水体中同时存在着上述各种扩散过程，除分子扩散之外，其他几种过程均与水的流动性密切相关，因此，研究放射性物质在水体中的迁移过程必须具体考虑不同水体中水的流动特征。

当放射性物质经由排放点进入河流以后，污染物随即在河水中输运和弥散。在通常的宽浅河流中，污染物在随水流向下游方向输运的过程中，一般先在水深方向上混合均匀，垂向混合得快慢和河流与污染水流之间流速、密度的差异，以及排放的形式（水面或水下，射流或非射流式）有关。在无浮力效应及非射流排放的情况下，达到垂向均匀所需的距离与水深呈正比，一般为排放点处水深的几十倍到 100 倍。放射性物质在水深方向上弥散混合的同时，在河宽方向上也逐渐与河水混合，在宽浅河流中，到达横向混合均匀所需的距离比垂向混合距离长得多。横向混合均匀后，河流断面上各点处核素浓度呈完全均匀分布。从排放点直至横向混合均匀断面之间的河段称为混合过程河段。对于如长江这样的河流来说，混合过程河段的长度可以忽略。

海洋是一个庞大的水体，放射性物质在海洋中的弥散混合及迁移不仅取决于污染物的排放方式、放射性核素的理化特性，还与海洋的水力学特征和水文特性等密切相关。根据离地距离、水深及海底地形，海洋可分为近岸带、大陆架及深海三类海域。近岸带包括岸边的潮间带、河口区及被陆地部分封闭的海域（如海港、海湾、泻湖和被边沿岛屿与公海隔开的海峡），沿海核设施的放射性废水大多排入近岸带海域内。

近岸带海域存在明显的海流运动，它或由大尺度的大洋环流造成，或为区域性的风生海流，一般均沿海岸线基本走向流动。有些浅海水域还受潮汐和风向的影响，存在明显的水平及垂直混合过程。有的海域潮汐运动不明显，来自陆地的淡水径流又明显抑制了水体中的混合和交换。污染物进入这类海域后，在水深方向很快混合均匀，其弥散混合过程主要取决于水平方向的混合及交换程度的大小。而且，由于海岸线的约束，水平方向的弥散混合一般只局限于约180°的扇形范围内。在半封闭的海港与海湾中，污染物的弥散范围更为有限，与湾外水体之间的交换只限于潮汐的移运作用，因此，与污染物在湖泊中的弥散混合过程类似，从河口排入的污染物在海外水域中的浓度有可能达到某一平衡水平。在河口海域，由于淡水的进入，海水呈现比其他海域更加明显而复杂的密度分层，水流运动千变万化，而且还存在大量的沉积物往复运动和迁移，污染物的弥散过程更显复杂。

在深海区，由于风浪的作用，表层海水中的混合过程相当迅速和完全，这一层海水在垂直方向上温度、含盐量及密度分布是均匀的，故称为表面混合层。大洋区不同海域内表层混合层的深度为10～200m。风的运动还造成大洋表面特有的海流，其流速可达70～190km/d。污染物进入深海区后，在海流的运输作用及湍流导致的水平扩散作用下，在表层混合层内很快地混合均匀；而污染物向深层海水的扩散迁移则非常有限。

从上述的分析可以看出，放射性物质在不同的水体中，随着各水体稀释弥散条件的差异，会有不同的迁移行为。换句话说，同样的排放源项，在不同的水体中将会产生不同的影响。因此在评估放射性退水对水资源安全的影响时，应针对不同的水体分别考虑。

5.1.2.2 放射性物质在水体中的转化

放射性物质在水中的存在形态，与其对水体的影响范围和时间息息相关。比如，当U元素以溶解的形态存在于水中时，能够随着水流迁移很长的距离，这将扩大污染的范围，但是有利于水中放射性活度的稀释；如果U元素以沉淀的形式存在，则不容易随水迁移，这样污染的范围较小，但是必须要考虑在小范围内的高活度、高剂量等问题。

各种核素在水中的存在形态往往并不单一，会随着周围水环境的变化而发生一系列复杂的变化：物理过程包括水的流动，导致污染物在水中的弥散及固体颗粒状污染物在水中沉积与再悬浮；化学过程包括放射性物质在水中的水解、配位、氧化还原、沉淀、溶解、吸附、解吸、化合、分解等；生物过程包括水生生物对放射性物质的吸附、吸收、代谢及转化等作用。放射性物质在水体中的行为比其在大气中的行为复杂得多，涉及的因素也更多。放射性物质在水体中的存在形态如图 5.2 所示。

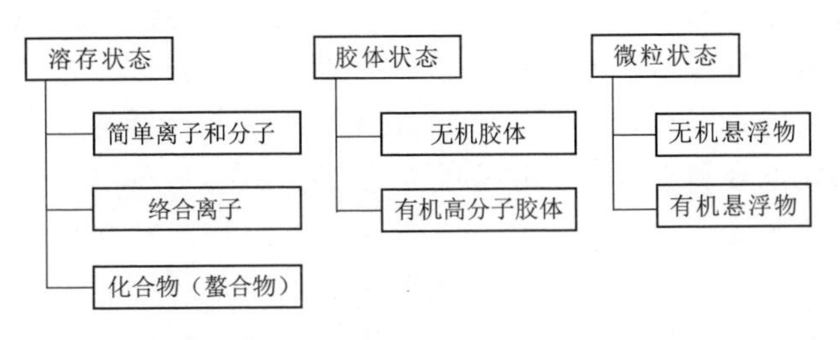

图 5.2 放射性物质在水体中的存在形态

同样以 U 元素为例，在长江水中，其主要存在的形态是碳酸盐与铀酰离子的配位化学物，当水的 pH 值、碳酸盐浓度改变时，U 的存在形态会有明显变化，但如钾离子浓度、氯离子浓度等对 U 的存在形式影响不大。放射性物质的具体存在形态与元素本身的性质及所处的水环境密切相关。

放射性物质在水体中的化学反应主要有氧化还原反应、配位反应和固液界面反应。

(1) 氧化还原反应。水体中的氧化还原反应主要取决于水中的氧化还原电势 E 和 pH 值，而 E 主要依赖于含氧量。在通常情况下，环境水中含有足够量的氧，其 E 值在 0.2V 以上，最高可达 0.7V，具有较高的氧化能力，使多价态元素由低价氧化成高价。如四价的 Tc 能被氧化成七价，使其迁移性增加；而二价铁离子可被氧化为三价铁离子，极易生成难溶化合物，使其迁移性下降，并且将水中其他的放射性核素载带下来，减少水中的放射性活度。当水体中的游离氧减少、有机物质含量增加时，E 值会降低，甚至可变为还原环境，可使某些高价离子变成低价，这对阻滞锕系元素如 Pu 等是极为有利的。但过量的有机物质的存在会对水质有一定的影响。

环境水中溶解氧的分布是不均匀的，其含量随深度而减少，这就使与大气充分接触的水体表层的 E 值高，而深层水及底泥的 E 值低。此外，氧在水中的溶解度还与温度有关，气温升高，含氧量降低。因此，水体的 E 值还会随季节和气候而变化。

(2) 配位反应。环境水中含有多种无机和有机配位体，不同水体所含配位体的种类和含量也不同。通常，淡水中的主要无机配位体是 HCO_3^-，而海水中的主

要无机配位体是 Cl^-，这些无机配位体可与水体中的放射性核素形成无机配合物。

环境水中还存在多种有机物，它们可能来自陆地，如土壤中的腐殖质；也可能来自水中的生物。通常河水中的腐殖质含量为 10～50mg/L。腐殖质是由多种简单有机化合物聚合而成的一种组成和结构都十分复杂的高分子化合物，是环境中最主要的天然螯合剂。海水中通常存在约 1mg/L 的含碳有机物，组成也极其复杂，其中除腐殖质外，还有氨基酸类和羧基酸类，也与金属形成配合物。这些有机质与金属的配合物往往不溶于水，这对阻滞核素的迁移是有利的。

金属离子的水解实际上可看成是与 OH^- 配位体生成配合物的过程。除了碱金属和碱土金属外，大多数放射性核素在近中性的条件下均易水解，生成难溶的水合物或胶体，有利于对核素的阻滞。

(3) 固液界面反应。水体中存在一定量的悬浮物微粒及胶粒，它们具有发达的表面，且常常还含有离子交换基团或带有电荷，可吸附水体中的放射性物质，降低水中的放射性活度。这种吸附作用与微粒的粒度、组分、表面电荷状态及水体性质有关。通常，环境水中的悬浮物组分大都含有不同种类的天然阳离子交换剂，其交换容量各不相同，其对放射性核素的吸附能力符合离子交换亲和力的经验规律。环境水中的大部分胶体带负电荷，只有少数胶体带正电荷，因此水中的胶体大多吸附阳离子。

在不同水体中，放射性核素被悬浮物吸附的行为不同，这主要与水体 pH 值、溶解物质的种类及含量、悬浮物特性等因素有关。当水体 pH 值在 2～9 范围内，许多放射性核素（如 Co－60、Zn－65、Ag－110 等）在悬浮物上的吸附量随 pH 值的升高而增加。由于海水的 pH 值通常比河水高，因此放射性核素在海水中比在河水中更容易被悬浮物吸附。但这里还必须考虑竞争性吸附和同位素稀释效应。当河水入海时，由于海水中的 K^+、Na^+ 和 Sr^{2+} 含量高，因此被河水中悬浮物吸附的 Cs－137 和 Sr－90 可分别被海水中的 K^+、Na^+ 和 Sr^{2+} 顶替下来。

被悬浮物和胶体吸附的放射性物质将随水漂流，除少数被水生生物摄取外，大部分会逐渐沉降而蓄积在水底沉积物之中。而水体中的浮游生物及微生物的寿命大都较短，死亡后变为有机悬浮粒子和生物残骸，逐渐沉降至水底。因此，放射性核素在水体中的吸附和沉降作用是水体自净作用的主要途径。悬浮物含量越高，水体的这种自净作用越显著。对于三价的裂变核素及锕系元素，由于易被悬浮物吸附，在沉积物与水之间的分配系数可达 10^4 以上，且不易从沉积物上解吸，因此，这些核素可作为悬浮物迁移的指示物，而沉积物又可作为这些核素引起的污染事件的历史记录。

由于江河入海口及近海水体存在大量的悬浮物，它们能有效地吸附各种放射性核素，特别是锕系元素和稀土裂变核素，形成阻隔这些核素进入远海的屏障。但某些溶解性高的离子如 Cs^+、TcO_4^-，由于不易被吸附，或吸附后容易解吸，其在水体中的迁移距离要比易被吸附的核素远得多。

水体底板沉积物实际由悬浮物沉积形成，因此其对水中放射性核素的吸附机制与悬浮物基本相似，但也有不同之处。因为沉积物在水体底部，其间隙水中的含氧量少，特别是在具有高生物生产力的近海水域，沉积物中有机物含量高，常形成缺氧环境，E 值低，这会引起放射性核素的状态发生变化，从而引起吸附条件的改变。

从上面的分析可以看出，放射性核素在水体中的转化是复杂的，与放射性核素自身的特质以及水体的物理化学性质密切相关。若要精确地评估放射性核素转化对迁移行为的影响，则需要极为复杂的专业模型。为了方便管理，在评估放射性退水对水资源安全影响时，常需对转化过程进行简化。在放射性核素的各种转化过程中，固相物质与核素的相互作用最为重要。水体中悬浮的固体物质，既能在短期内清除水体中的放射性核素，又会有累积效应，长期影响水体的放射性水平，因此值得人们额外关注。

5.1.3 液态流出物的长期累积影响

迄今为止，我国运行和在建核电站均位于沿海地区，内陆核电站建设尚未开始建设。总体来看，对于我国的内陆核电建设，各方的疑虑较多。其中之一是，担心内陆核电站放射性液态流出物排放的放射性核素会通过沉积物吸附在受纳水体中造成长期的累积影响，从而会影响核电站下游水质和周围公众健康。对此，根据美国内陆核电站的多年环境辐射监测资料，分析核电站受纳水体沉积物样品中放射性核素的活度水平，以对内陆核电站放射性液态流出物排放在受纳水体中实际产生的累积影响作出评估。

美国是核电最发达的国家之一，现有 65 个运行核电站。除去 16 个滨海（河口）核电站、10 个五大湖区的核电站和 1 个没有任何天然环境受纳水体的“干厂址”Palo Verde 核电站外，美国共有 38 个内陆核电站位于中小湖（库）沿岸和河流沿岸，具有典型的内陆核电站环境特征。这些内陆核电站至 2010 年年底已经有约 2000 堆年的经验反馈。在 NRC 网站上有上述 38 个内陆核电站近 7 年间（2005—2011 年）各年度环境辐射监测报告，分析其中受纳水体沉积物样品的放射性核素监测数据，可以为评估内陆核电站放射性液态流出物排放的长期累积影响提供有力的佐证。

5.1.3.1 美国核电站的环境辐射监测要求

美国核电站按照联邦法规 10 CFR 50 的要求，建立核电站环境辐射监测大纲（REMP）以及放射性流出物技术规范（RETS），为厂外剂量计算手册（ODCM）提供基础数据，以用于评估核电站排放放射性物质对公众可能造成的辐射影响，确保核电站排放放射性物质满足辐射防护原则中 ALARA 的要求。

美国 NRC 管理导则 RG 4.1 提出了 REPM 监测的具体要求，并且提出应关注放射性核素对公众造成辐射照射的途径，以用于 NRC 提出的标准化的厂外公众剂量评估。例如，对放射性液态流出物受纳水体，需要考虑与食入途径相关的三种介质，即饮用水、水生生物和灌溉陆生生物，每种介质涉及不同的放射性核素的转移途径，同时还需要考虑可能的岸边沉积外照射。有些美国核电站的 REMP 还规定了受纳水体底泥的监测，用于分析液态放射性流出物中的放射性核素可能在底泥中的累积影响。

5.1.3.2 沉积物中放射性核素的监测

美国 38 个典型内陆核电站均开展了沉积物监测。其中，有 5 个滨湖核电站区分岸边沉积物与底泥开展沉积物监测，并分别汇总相应结果，这 5 个核电站分别为：Robinson 核电站、North Anna 核电站、Watts Bar 核电站、Shearon Harris 核电站和 Wolf Creek 核电站。其他的内陆核电站只开展岸边沉积物监测。

美国核电站一般都是采用抓样法采集沉积物样品，烘干研碎后在高纯锗谱仪上进行测量 γ 放射性核素。

美国内陆核电站受纳水体沉积物监测一般在核电站放射性液态流出物排放口下游设置 1～2 个采样点（排放口附近和/或排放口下游的公共水上娱乐区），这些采样点也称指示点（Indicator Location）；在排放口上游或与电厂受纳水体无关的相邻水体设置 1～2 个对照点（Control Location）。一些核电站还可能根据监测情况调整监测点位。

沉积物样品一般仅需要开展 γ 核素分析，分析的 γ 核素主要是核电站液态流出物排放监测的那些放射性核素。有些核电站为了分析对比人工 γ 放射性核素浓度水平，还给出了天然放射性核素的监测结果，例如 ^{238}U、^{232}Th 及其子体核素以及 ^{40}K 等。各个核电站沉积物监测频次为：每半年监测一次或每年监测一次。

5.1.3.3 沉积物中放射性核素的监测结果

在 38 个内陆核电站中，Browns Ferry 核电站、Clinton 核电站、Prairie Island 核电站、Fort Calhoun 核电站和 River Bend 核电站沉积物样品中未检测到任何人工 γ 放射性核素，其余 33 个内陆核电站（约占总数的 87%）均在岸边沉积物或底泥样品中检测到了 Cs－137。大多数核电站的监测年报都认为在沉积物中监测到的 Cs－137 均主要源于大气落下灰，仅有少数异常数据可能与核电站排放有关。需要指出，确定和区分环境中核素 Cs－137 是否有核电站排放的贡献，是比较困难的。通常认为，如果液态放射性流出物中均未有 Cs－137 排放，但沉积物中检测到 Cs－137 异常，可排除 Cs－137 来自核电站排放的可能性。分析该电厂沉积物监测的历史数据，可以看到不存在累积增加趋势。

2005—2011年期间，美国38个内陆核电站中，有11个核电站在沉积物样品中检测出了来自核电站放射性液态流出物排放的人工γ放射性核素（除Cs-137外），包括Co-60、Co-58、Cs-134、Mn-54等，约占38个内陆核电站的29%。在这11个核电站中，有的仅在1年中或若干年中在环境辐射监测年报中指出，在沉积物样品（岸边沉积物和/或底泥）中检测到了与电厂运行有关的人工γ放射性核素（除Cs-137外）；这些年报共计46份，占所检索的257份环境辐射监测年报的17.9%；其中报告在岸边沉积物样品中检测到人工γ放射性核素（除Cs-137外）的有28份，占所检索年报总数的10.9%；在沉积物监测到浓度可能较高的除Cs-137外的人工γ放射性核素主要是Co-60、Co-58，而其他放射性核素浓度水平一般均处于较低水平。

5.1.3.4 沉积物中人工放射性核素剂量估算

根据保守的剂量计算，美国所有内陆核电站沉积物中的Cs-137对公众造成的剂量水平与美国公众受到的本底辐射以及NRC规定的流出物剂量约束值相比，都是可以忽略的。换言之，从辐射效应的角度来看，美国内陆核电站沉积物样品中检测到的Cs-137活度是极其微量的。

美国所有内陆核电站受纳水体沉积物中的核素Co-58和Co-60对公众造成的剂量水平，与美国公众受到的本底辐射水平以及NRC规定的流出物剂量约束值相比，都是可以忽略的。换言之，从辐射效应的角度来看，美国内陆核电站沉积物样品中检测到的人工γ放射性核素活度是极其微量的。沉积物中人工γ放射性核素对公众造成的辐射剂量水平表明要远低于人体中^{40}K对人体造成的剂量水平（相差约3个数量级）。

5.1.4 退水对水生态的影响

在水生态系统中，水和水底沉积物中含有氧、氢、氮、钙和二氧化碳等营养元素和成分，在太阳能的作用下，水体中最低等的植物——浮游植物可通过吸收、同化和代谢作用，使之转化为其自身生命活动所必需的生物物质。因此，在水生态系统中，浮游植物起着使矿物质转化为生物物质的基本作用，是水生态系统中的生产者。浮游植物是小型浮游动物、鱼类及两栖水生生物的食物来源，小型浮游动物又是处于较高营养级的大型水生动物的食料，许多情况下，水禽、蜗牛、青蛙等两栖动物可以从水生食物链几个不同营养级上摄取食物，因此，水生食物链往往呈现十分复杂的网状结构。即使在同一水体中，不同小生境中水生生物的物种结构也不同，水生食物网的结构也会有十分明显的差异。某些水生生物对水生生物排泄沉积物及生物体残骸的分解，可使营养元素和成分重新回到水中，再次被浮游植物所利用，这样，便形成了营养元素和成分以矿物质—生物物质—矿物质的形态变化而在水生生物链中不断循环。

水中与营养元素和成分共存的锌、铁、钴、锰等元素及放射性核素（其中有的是水生生物生命过程所必需的，有的与生命过程无关甚至是有害的）也会不同程度地参与这一水生生物链中的物质循环和转移过程，由此导致水生生物的污染。

水生生物向人类提供的水产食品是人类所需蛋白质的重要来源之一。水产食品的放射性污染无疑会对人体健康带来有害的影响。水生生物无论是洄游性（如鱼类）还是漂浮性（如浮游动植物），在水体中始终处于迁移运动之中，一旦受到污染，将成为水体放射性污染的输运者和传播者，放射性核素将伴随其向未污染的水域迁移。水生生物排泄物的沉积及其残骸中的放射性核素有一部分进入底质中，使其成为水生态中污染物的“贮存库”。

各类水生生物摄入、吸收水中放射性核素的途径和机制有很大的差异，这与水生生物的结构、生活习性、摄食方式及水环境条件等诸多因素有关。

藻类是水中最常见的浮游植物，是水生态系统中的初级生产者，处于水生生物食物链的第一营养级上。它们在摄入矿物质、二氧化碳和水，合成有机生物物质的同时，也能从水中摄取放射性物质。

浮游植物对水中放射性物质的被动摄入是一种不消耗其细胞代谢能的吸收机制，包括吸附、离子交换、扩散、穿透等方式。吸附过程是细胞壁对放射性物质的吸着作用，其中物理吸附一般是可逆的，对不同核素的吸附选择性较差；化学吸附是细胞壁与核素之间借助于化学键作用的相互吸着，可逆性较差，有一定的吸附选择性。离子交换是发生于细胞间质内的吸附机制。扩散是放射性离子随载体物质一起穿透细胞壁，而后在细胞内与胞浆中的同位素或载体离子之间发生的交换过程。穿透则是无载体的有机放射性物质通过细胞壁上一些微孔进入细胞内的过程。浮游植物的主动摄入是核素在酶的作用下，从细胞的一侧迁移至另一侧，这种过程要消耗一定的能量。无论是被动摄入还是主动摄入的放射性核素，进入细胞以后一部分将被细胞内可溶性物质（胞浆）吸收，一部分可掺入细胞结构成分中，一部分则以自由离子状态存在于胞浆中。

水生生物从水中摄取放射性核素大致有摄食、饮水和体表直接吸收等几种途径，各种途径的相对重要性因其种类不同而异。鱼类和软体动物以摄食为主；海鞘类动物和环节动物以饮水为主；甲壳类动物比较复杂，有的以摄食为主，有的则以饮水为主。某些贻贝等水生生物的贝壳和体表对水中某些放射性核素具有一定的吸附、摄入能力。

水生生物通过各种途径从水中摄取、吸收放射性核素后，核素将在其体内某些特定的器官、组织中逐渐积累，并在一定的条件下达到平衡。一般用浓集因子（CF）描述水生生物对水中放射性核素蓄积能力的大小。对于水生生物通过饮水途径从水中摄取、吸收和蓄积放射性核素的过程，通常将水生生物（全身或某一器官组织）中核素的平衡浓度与水中核素浓度的比值定义为浓集因子。对于其他吸收蓄积途径，也可按类似的方式，采用浓集因子表示水生生物对放射性核素吸收、蓄积能量的大小。

放射性物质在生物体中的浓集以核素在水体中的浓度为基础。从目前核电站的运行经验来看，放射性退水的排放均满足国家的相关要求，因而通过食物链进入生物体内的放射性物质数量是有限的。国内外都曾开展过核电站受纳水体中动植物的监测，结果显示在核电站长期的正常运行中，并没有监测到水体环境和水生动、植物的异常变化。

对于内陆核电而言，情况要复杂些。内陆核电受纳水体的容积相对于海洋来说偏小；放射性物质从排放口向下游迁移的过程中所经历的时空跨度很大，沿途的环境条件迥异；水底淤泥、食物链传递、地下水的渗透等方式又会在长期影响放射性物质的累积行为。因此，内陆核电放射性退水对水生态影响的长期性和复杂性均大大高于在役的滨海核电。正是基于这些考虑，在新制定的放射性退水的排放标准中，对内陆核电的要求要比滨海核电严格 10 倍。

5.1.5 退水对水资源安全影响的评估方法

与核电站取水对水资源安全影响的评估方法相匹配，核电站退水对水资源安全的影响评估也采用分级指标评分法，逐级加权，综合评分。水资源安全影响同样分为 4 个级别：轻度影响、中度影响、重度影响、严重影响。

核电站退水对水资源安全影响评估指标包括 1 个目标层、1 个准则层、1 个指标层（含 12 个评估指标，其中 10 个为必选指标）。具体的评估体系见图 5.3。

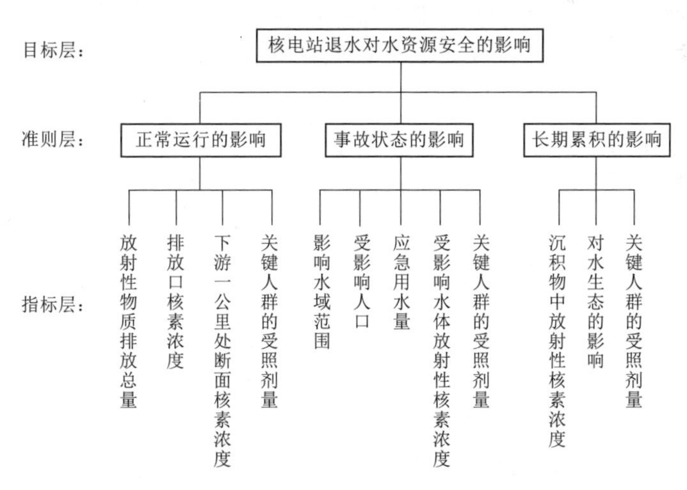

图 5.3 核电站退水对水资源安全影响的评估体系

5.1.5.1 正常运行的影响

1. 放射性物质排放总量

水资源管理的“三条红线”中，水功能区限制纳污能力是重要的管理项目。对于核电站来说，主要考虑的是水功能区对于放射性退水的纳污能力，非放射性污染的排放也需作必要的考虑。对于核电站放射性物质的排放总量，国家已经制定了相应的标准作了明确的规定。在此基础上，每个反应堆在运行前都会由运营单位提出具体的排放限值（一般小于国家的排放标准），由国家批准后作为核电站正常运行时的排放管理要求。从现有的运行经验看，核电站的排放量总是会小于国家规定的排放量。

用放射性物质排放总量来表征核电站的放射性排放情况：

$$\text{放射性物质排放总量}=\frac{\text{国家排放总量标准}-\text{核电站实际排放总量}}{\text{国家排放总量标准}}\times 100\% \tag{5.1}$$

2. 排放口核素浓度

对于放射性退水，除了排放总量的控制外，目前的国家标准还进行了排放浓度方面的规定。主要涉及两个位置的放射性核素浓度，分别为排放口及排放口下游 1km 处。目前核电站会对液态流出物排放口的浓度进行实时监测，用排放口核素浓度来表征：

$$\text{排放口核素浓度}=\frac{\text{排放口核素浓度限值}-\text{排放口实时监测浓度}}{\text{排放口核素浓度限值}}\times 100\% \tag{5.2}$$

3. 下游一公里处断面核素浓度

国家对核电站放射性退水的排放口下游一公里处的核素浓度进行了明确规定。根据新标准的要求，核电站将会监测排放口下游一公里处水体断面上的核素浓度。如果没有监测数据，则可根据核电站的排放源项及放射性核素在水体中的迁移规律进行估算。用下游一公里处断面核素浓度指标来表征：

$$\begin{matrix}\text{下游一公里处}\\\text{断面核素浓度}\end{matrix}=\frac{\text{下游一公里处断面核素浓度限值}-\text{监测浓度}}{\text{下游一公里处断面核素浓度限值}}\times 100\% \tag{5.3}$$

4. 关键人群的受照剂量

核电站对于环境的影响最基本的指标是辐照剂量，而公众最关心的指标也是核电站排放的放射性物质对关键人群的辐照剂量。国家标准将 0.25mSv/a 的个人有效剂量作为核电站的剂量约束上限值。

用关键人群的受照剂量这一指标分别评估核电站在正常运行、事故状态以及放射性物质长期累积对关键人群的剂量贡献。剂量的计算依赖于监测到的放射性核素浓度数据，再根据核电站不同工况时的辐照特点选择合适的受照模型进行估算。比如，正常运行时，辐照时间以年为单位，事故状态则以天、周为单位，若考虑长期影响，则辐照时间可放宽为30～50年。关键人群受照剂量指标计算公式为：

$$关键人群的受照剂量 = \frac{0.25\text{mSv} - 估算出的辐照剂量}{0.25\text{mSv}} \times 100\% \tag{5.4}$$

5.1.5.2 事故状态的影响

1. 影响水域范围

对于水资源安全来说，在核电站发生事故时，最关心的是受影响的水域范围。是否受到核事故的影响需要根据一定的标准来判断，这需要进一步讨论。此影响为负面效应，应设置相应的等级进行评分，取负分。

2. 受影响人口

受影响人口主要是指由于水源受到污染而正常生活受到影响的人群。此影响为负面效应，应设置相应的等级进行评分，取负分。

3. 应急用水量（备用指标）

应急用水量主要包括缓解核电站事故所需要的应急水量以及由于饮用水控制而需要的应急用水量。此影响为负面效应，应设置相应的等级进行评分，取负分。

4. 受影响水体放射性核素浓度

发生核电站事故后，会进行环境放射性应急监测，水体中放射性核素浓度是重要的监测项目，也是判断核事故影响水域范围、影响程度的核心参数。此影响为负面效应，应设置相应的等级进行评分，取负分。

5.1.5.3 长期累积的影响

1. 沉积物中放射性核素浓度

水体中悬浮的固体物质，既能在短期内清除水体中的放射性核素，还会有积累效应，长期影响水体的放射性水平。监测沉积物中放射性核素浓度是研究核电站排放放射性物质长期累积效应的重要手段。可依据沉积物中放射性核素浓度来对长期累积效应进行判断。此影响为负面效应，应设置相应的等级进行评分，取负分。

2. 对水生态的影响（备用指标）

从长期来看，核电站排放的放射性物质可能会对周围的水生态产生影响，但其影响机制比较复杂，能明确表征放射性物质对水生态影响的参数难以确定。可以利用对于辐射敏感的物种群落来对水生态的影响进行表征，但需考虑指标对不同核电站厂址的适用性问题。具体的指标设计还需进一步的研究。

5.2 核电站运行阶段对水资源安全影响评估体系

本章上一节介绍了核电站退水对水资源安全影响的评估方法。本节将根据上述内容提出核电对水资源安全影响综合评估方法，选用的评估方法为层次分析法。

核电站运行阶段对水资源安全影响的评估体系（表5.3）分为4层：目标层（核电站对水资源安全影响）、子目标层、准则层、指标层。

表5.3　核电站运行阶段对水资源安全影响的评估体系

目标层	子目标层	准则层	指标层	指标选择
核电站运行阶段水资源安全	取水影响	农业影响	受影响灌溉面积农业节水率提高率	必选
			灌溉面积受影响程度	必选
			多年平均灌溉用水量减少百分比	必选
			受影响方满意度	必选
			补偿费用	
		工业影响	受影响工业节水率变化率	必选
			受影响方满意度	必选
			影响工业水量	
			补偿费用	
		生活影响	受影响方满意度	必选
			影响生活用水量	
			补偿费用	
		区域其他水资源用户影响	核电站取水量相当的综合用水人口	必选
			核电站产生的工业增加值	必选
	退水影响	正常运行的影响	放射性物质排放总量	必选
			排放口核素浓度	必选
			下游一公里处断面核素浓度	必选
			关键人群的受照剂量	必选
		事故状况的影响	影响水域范围	必选
			受影响人口	必选
			应急用水量	
			受影响水体放射性核素浓度	必选
			关键人群的受照剂量	必选
		长期累积的影响	沉积物中放射性核素浓度	必选
			对水生态的影响	
			关键人群的受照剂量	必选

子目标层包括核电站取水对水资源安全的影响、退水对水资源安全的影响。由于取水对水生态用水的影响体现为水质及生态需水量的影响，即对河道纳污能力的影响，此部分与退水影响中入河污染物的影响评价内容相重，故两部分内容作为同一指标进行评价，避免重复评价使评价结果失真。

准则层包括农业影响、工业影响、生活影响、区域其他水资源用户影响、正常运行的影响、事故状态的影响和长期累积的影响 7 个方面。

指标层为与核电取、退水影响相关的基本指标。各指标的计算方法在上一节节中已作详细介绍，在此不再重复。

核电站选址阶段对水资源安全影响的评估采用分级指标评分法，逐级加权，综合评分。水资源安全影响分为 4 级：轻度影响、中度影响、重度影响、严重影响。分级标准将在接下去的工作中研究，主要依据为现有各类规范导则以及专家打分等。

6 结论与建议

本书从我国核电站的堆型分布情况、技术特点及相关的取排水监测资料和文献等方面，对国内核电站取排水的基本情况进行调研。并以内陆核电站为例，介绍了今后我国主力堆型 AP1000 在正常情况下的取排水设计，分析了 AP1000 在事故状况下的取排水设计。同时，本书对我国现行的，与核电选址、建造、运行有关的技术标准进行调研筛选，分析其中与保障水资源安全有关的内容，对相关条款进行分类、归纳对比，对现行标准的合理性进行评价。结合对标准的评价，分析确定核电站取、用、排水对水资源安全的影响，并建立了选址阶段与运行阶段的评价指标体系。本书的主要结论和建议有如下几点。

(1) 截至 2020 年年末，我国运行核电机组共 49 台，装机容量为 5102.716 万 kW。二代及二代加核电机组是目前我国核电的主力堆型。新建核电机组必须符合三代安全标准，堆型以 AP1000 和华龙一号为主。此外，EPR、CAP1400 等三代堆，以及高温气冷堆、钠冷快堆这样的四代堆在国内也有规划和建议

(2) 核电站正常运行时的取水设计主要涉及循环冷却水系统、厂用水系统、除盐水系统、生活用水系统和其他杂用水系统等，排水则主要分为非放射性退水和放射性退水。

(3) 由于采取节水措施及循环用水，新设计建设的核电站施工用水较早前核电站用水量大大减少，在正常运行生产过程中，用水量也在降低。核电站设计用水量与实际用水量的差距很大，反映出核电站取用水量设计论证不足，设计取用水量过大。因此，水行政主管部门需要制定更严格的设计论证标准，保证水资源的合理利用，提高水资源的利用效率。

(4) 根据目前的运行经验，核电站排水水质均符合国家相关标准。内陆核电还在筹建阶段，其放射性退水将采用槽式排放的形式。

(5) 经过初步分析，本书分析的 6 座内陆核电项目对区域水资源状况影响不大，对其他用水户的影响较小，退水的排放都能符合国家的相关要求。但这些结论都是在现行的水资源论证框架中得到的，有的还没有通过管理部门的审查，故结论仅供参考。内陆核电对水资源安全的影响还需作进一步的评估。

（6）AP1000所采用的非能动安全系统，在非正常工况下，可以在3天之内有效冷却堆芯，确保反应堆的安全。若3天之后核事故的形势没有得到好转，则需要采用应急补水或堆芯冷却措施。AP1000所采用的钢制安全壳能够极好地传递堆芯热量，包容放射性物质，能够缓解核事故对于水资源的影响。

（7）在严重事故情况下，乏燃料水池的正常补水途径可能会受到破坏，需要采取额外的补水手段。目前关于这方面的设计比较缺乏，可考虑在乏燃料储存池附件设置非能动的储水罐用于应急供水。

（8）我国现行与核电站有关的选址、运行标准是比较严格与合理的，能够适应我国核能发展的需要。如果在核电站的选址、运行过程中能够严格按照有关标准执行，水资源的安全是可以得到保障的。

（9）选址过程中与水域环境功能区划相容性的认定、饮用水水源地的保护等内容，还没有具体的管理细则落地。面对核能发展要求及最严格水资源管理的双重压力，建议水利部门以这些条文作为切入点，尽早介入核电站的选址过程，参与核电运行的监督，从而保障水资源的安全。

（10）在核电站事故应急方面，目前的法规导则体系并没有与保障水资源安全密切相关的内容。建议水资源管理部门纳入核事故应急体系，编制相应的工作大纲，用于指导核事故的应急处理工作。

（11）根据对核电站取水、用水、排水机理等方面的分析，本书确定了核电选址阶段对水资源安全影响评估方法和核电运行阶段对水资源安全影响评估方法并相应建立系统、全面的指标体系。但所选用的指标部分还难以量化，需在后续工作中进行深入研究。

参 考 文 献

[1] 朱继洲. 核反应堆安全分析 [M]. 西安：西安交通大学出版社，2000.

[2] 宋妙发. 核环境学基础 [M]. 北京：原子能出版社，1999.

[3] 林诚格. 非能动安全先进压水堆核电技术 [M]. 北京：原子能出版社，2010.

[4] 孙汉虹. 第三代核电技术 AP1000 [M]. 北京：中国电力出版社，2016.

[5] 中国核能行业协会. 中国核能年鉴 [M]. 北京：原子能出版社，2009.

[6] 中国核能行业协会. 中国核能年鉴 [M]. 北京：原子能出版社，2010.

[7] 中国核能行业协会. 中国核能年鉴 [M]. 北京：原子能出版社，2011.

[8] 中国核能行业协会. 中国核能年鉴 [M]. 北京：原子能出版社，2012.

[9] 中国核能行业协会. 中国核能年鉴 [M]. 北京：原子能出版社，2013.

[10] 中国核能行业协会，中国核能发展报告（2020） [M]. 北京：社会科学文献出版社，2020.

[11] 潘自强，刘森林. 中国辐射水平 [M]. 北京：原子能出版社，2010.

[12] IAEA. Generic models for use in assessing the impact of discharges of radioactive substances to the environment [R]. Safety reports series No. 19，IAEA Vienna，2011.

[13] IAEA. Environmental consequences of the Chernobyl accident and their remediation：twenty years of experience [R]. Radiological assessment reports series，IAEA Vienna，2006.

[14] World Health Organization. Guidelines for Drinking-water Quality，First Addendum to Third Edition，Volume 1，Recommendations [R]，2006.

[15] IRSN，Fukushima，one year later，initial analyses of the accident and its consequences [R]. Report IRSN/DG/2012—003，IRSN，2012.

[16] UNSCEAR，Scientific Annex A：Levels and effects of radiation exposure due to the nuclear accident after the 2011 great east-Japan earthquake and tsunami [R]. UNSCEAR 2013 Report，UN，New York，2014.

[17] UNSCEAR. Developments since the 2013 UNSCEAR report on the levels and effects of radiation exposure due to the nuclear accident following the great east-Japan earthquake and tsunami [R]. A 2015 white paper，UN，New York，2015.

[18] SCJ. A review of the model comparison of transportation and deposition of radioactive materials released to the environment as a result of the Tokyo Electric Power Company's Fukushima Daiichi Nuclear Power Plant accident [Z]. SCJ，2014.

[19] IAEA. The Fukushima Daiichi Accident [R]. Report by the Director General，GC (59) /14，IAEA，2015.

[20] JHPS. Issues and Recommendations Associated with Radiation Protection after Fukushima Daiichi Nuclear Power Plant Disaster [R]. JHPS，2014.

[21] 《核电水资源问题初探》编写委员会. 核电水资源问题初探 [M]. 北京：中国水利水

电出版社，2013.
[22] Kobayashi T , Nagai H , Chino M , et al. Source term estimation of atmospheric release due to the Fukushima Dai-ichi Nuclear Power Plant accident by atmospheric and oceanic dispersion simulations [J]. Journal of Nuclear Science & Technology，2013，50（3）：255－264.
[23] Kawamura H , Kobayashi T , Furuno A , et al. Preliminary Numerical Experiments on Oceanic Dispersion of I－131 and Cs－137 Discharged into the Ocean because of the Fukushima Daiichi Nuclear Power Plant Disaster [J]. Journal of Nuclear Science and Technology，2012，48（11）：1349－1356.
[24] 国际原子能机构．国际核和放射事件分级表使用手册 [R]. 维也纳，2008.
[25] Korsakissok I , Mathieu A , Didier D . Atmospheric dispersion and ground deposition induced by the Fukushima Nuclear Power Plant accident：A local-scale simulation and sensitivity study-ScienceDirect [J]. Atmospheric Environment，2013，70（4）：267－279.
[26] 长江水利委员会水文局．湖南桃花江核电厂一期工程水资源论证报告书 [R]，2009.
[27] 武汉大学．江西彭泽核电项目一期 2×1000MW 级机组水资源论证报告书 [R]，2009.
[28] 武汉大学．咸宁核电厂水资源论证报告书 [R]，2009.
[29] 上海核工程研究设计院．湖南桃花江核电一期工程环境影响报告书（设计阶段）[R]，2009.
[30] 中电投江西核电有限公司．江西彭泽核电厂一期工程环境影响报告书（设计阶段）[R]，2010.
[31] 咸宁核电有限公司．咸宁核电厂一期工程环境影响报告书（设计阶段）[R]，2010.
[32] SAITO K，et al.，Use of Knowledge and Experience Gained from the Fukushima Daiichi Nuclear Power Station Accident to Establish the Technical Basis for Strategic Off-site Response [Z]. IAEA，2015.
[33] Fukushima Environmental Safety Center，Remediation of Contaminated Areas in the Aftermath of the Accident at the Fukushima Daiichi Nuclear Power Station：Overview，Analysis and Lessons Learned [Z]. IAEA，2015.
[34] ICRP. Report of ICRP Task Group 84 on Initial Lessons Learned from the Nuclear Power Plant Accident in Japan vis-à-vis the ICRP System of Radiological Protection [R]，2012.
[35] 徐志新，奚树人，曲静原．核事故源项反演技术及其研究现状 [J]. 科技导报，2007，25（5）：16－20.
[36] 赵博，邱林．压水堆核电站应急源项的选定和应急计划区的划分 [J]. 辐射防护通讯，2003，23（2）：6－9.
[37] Westinghouse Electric Company. AP1000，Probabilistic Risk Assessment（Revision 2）[Z]，2003.
[38] Jonathan S，Chanson M，et al. Fukushima Daiichi Power Plant Disaster：How many people were affected? 2015 Report [R]，2015.
[39] Petteri T , Marc V , Hatem K , et al. The Fukushima Daiichi Nuclear Power Plant Accident：OECD/NEA Nuclear Safety Response and Lessons Learnt [R]，2013.
[40] Barnett C L , Belli M , Beresford N A , et al. Quantification of Radionuclide Transfer in

Terrestrial and Freshwater Environments for Radiological Assessments. IAEA－TEC-DOC－1616 [R], 2009.

[41] US NRC. Standard Review Plan, Section2. 4. 13, accidental release of radioactive liquid effluent in ground and surface waters, NUREG－0800 [R], 2007.

[42] Rasmussen T C, Bollinger J S. Evaluation of Subsurface Radionuclide Transport at Commercial Nuclear Power Production Facilities [Z]. AGU Spring Meeting Abstracts, 2006.

[43] US NRC, Ground-Water Contamination due to Undetected Leakage of Radioactive Water [R], 2006.

[44] US NRC, Liquid Radioactive Release Lessons Learned Task Force, Final Report [R], 2006.

[45] US NRC, Liquid Release Task Force Recommendations Implementation Status [R], 2009.

[46] 李勇，李文辉，张凌燕，核电厂选址及环境影响评价应关注的问题 [J]. 中国核电，2009，2 (3)：258-261.

[47] 徐续，赵锋，谭承军，等．与环境相关的水文条件在核电厂厂址比选中的考虑 [J]. 中国核电，2010，3 (1)：80-85.

[48] 张晓鲁．我国内陆核电站选址问题的研究 [J]. 中国电力，2005，38 (9)：20-23.

[49] 马炳辉，李建国，韩宝华，等．内陆核电厂址周围环境调查工作的经验和问题探讨 [J]. 辐射防护通讯，2010，30 (5)：32-37.

[50] 陈家军，张俊丽，李源新，等. 大亚湾沉积物中137Cs纵向迁移研究 [J]. 环境科学学报，2003，23 (4)：436-440.

[51] 胡铁松，丁晓雯. 核电站事故对水资源的影响分析及对策措施研究 [R]. 武汉大学，华北电力大学，2011.

[52] NRC. 美国38个典型内陆核电厂放射性流出物监测年报 (2005～2013) [Z], 2013.

[53] 国际原子能机构 (IAEA). NS-R-3. Site Evaluation for Nuclear Installations [Z]. 2003-12-8.

[54] 国家核安全局. 核设施厂址评价安全规定 [Z], 2006

[55] 国际原子能机构 (IAEA). 放射性废物术语 [Z], 2003.

[56] 徐月平，张兵，陈洋，等．某内陆核电站正常工况下放射性液态流出物排放的适应性分析，辐射防护，2011，31 (4)：223-228.

[57] 水利部. 全国水中长期供求规划 [R], 2015.

[58] 南京水利科学研究院，辽宁省水文水资源勘测局. 辽宁红沿河核电厂二期工程（5、6号机组）施工期取水水资源论证报告书 [R], 2010.

[59] 中国水利水电科学研究院. 华能山东石岛湾核电厂高温气冷堆核电站示范工程水资源论证报告书 [R], 2006.

[60] 中国水利水电科学研究院，山东省水文水资源勘测局. 山东海阳核电一期工程水资源论证报告书 [R], 2008.

[61] 中国水利水电科学研究院. 山东红石顶核电一期工程水资源论证报告书 [R], 2008.

[62] 中国水利水电科学研究院. 田湾核电站5、6号机组建设项目水资源论证报告书 [R], 2015.

[63] 广东省水利水电科学研究院. 岭澳核电站三期扩建工程水资源论证报告书 [R], 2008.